鲁鹏程◎著

孩子注意力不集中妈妈怎么办？

全面提升孩子注意力的**家庭教育实用宝典**

中国人民大学出版社
·北京·

前 言
PREFACE

很多妈妈或许对下面的场景都比较熟悉：

孩子上课不专心听讲，总是东张西望；做作业或考试，丢三落四、粗心大意，注意不到细节要求；跟孩子说话，他神游天外；问孩子问题，他经常"一问三不知"；要求孩子做某事，他却被另一件事吸引；做事慢慢吞吞、拖拖拉拉，甚至半途而废……孩子出现这样的情况，在一定程度上就意味着他注意力不集中。

面对注意力不集中的孩子，一些妈妈有时会大吼一声，试图拉回他的注意力，可遗憾的是，这一声吼叫可能只有几分钟的作用，过不了多久孩子就故态复萌了……

的确，孩子注意力不集中是一个普遍的问题，虽然老师也在努力纠正，但却并没有有效解决。很多时候，父母也需要对孩子进行注意力的培养与提升。

可喜的是，一些父母已经意识到了这一点，并在积极寻找解决办法。比如，总会有一些父母在我做完家庭教育讲座后，现场或通过微信、微博、电子邮件等各种渠道向我咨询"孩子注意力不集中怎么办"这个问题，当然我也是有问必答。但培养孩子的注意力是一个"系统工程"，不是几句话

PREFACE

就能解决的。所以，非常有必要对这一问题进行专门、深入的探讨，于是也就有了这本书的创作。

提到注意力，古今中外都有很多相关的论述。

如中国传统经典《中庸》中就提到"博学、审问、慎思、明辨、笃行"的观点，要达成这样的做学问的目标，非注意力高度集中不可为。《训学斋规》与《弟子规》中都提到了读书需要心、眼、口集中于一处的"三到"原则，其实说的就是集中注意力的问题。而《增广贤文》上这句"两耳不闻窗外事，一心只读圣贤书"，更是直接点明应集中注意力一门心思读书做学问。

俄国著名教育家乌申斯基曾说："注意力是我们心灵的唯一门户，意识中的一切，必然都要经过它才能进来。"法国著名生物学家乔治·居维叶也说："天才，就是不断地注意。"

可见，从古至今，从中到西，圣贤、学者都十分强调注意力的重要性，注意力不好，学问就很难做好。所以说，注意力对一个人来说非常重要。

人类认识世界的一切信息与智慧，都是通过注意力才获得的。作为大脑进行感知、思维、记忆、逻辑判断等所有认识活动的基本条件，注意力是一切认识的基础。

事实上，对任何人来说，注意力都是一笔宝贵的财富，古往今来的成功人士，无不具备专注的优良品质。如果对自己的事业不专注，就不会取得成功。

PREFACE

　　对于孩子来说，注意力也是极其重要的。注意力是孩子成长道路上绝对不能忽略的一项能力。学习时需要注意力，否则大脑就无法接收并记忆知识；玩耍时需要注意力，否则就体会不到乐趣；在与人交往时也需要注意力，只有这样才能建立最基本的联系……可见良好的注意力之于孩子的成长与发展的作用——帮他打开心灵的窗户，让他更深入、更广泛地认知这个伟大世界上的一切人、事、物。

　　遗憾的是，很多孩子注意力不集中，做事不专注。当然，学习成绩也由此变差，做事效率也由此变低，很多父母忧心不已，所以也就有了"孩子注意力不集中怎么办"这一问题的提出。

　　研究表明，只有打开孩子的注意力之门，才能真正挖掘出孩子的潜能。不过，孩子的注意力发展并不是单独的一个心理过程。注意力发展是感觉、直觉、记忆、思维等一系列心理过程共同作用的结果。注意力具体可分为无意注意与有意注意，孩子注意力的发展最初是无意注意，然后从无意注意向有意注意过渡，直到最终主要使用有意注意来认识世界。父母尽早了解这些知识，才会更有方法、有信心来高效解决孩子注意力不集中这一问题。

　　说了这么多，终归是为了解决一个问题——如果孩子注意力不集中，我们该怎么办？本书会给你答案。本书从注意力是孩子心灵的窗户、注意力不集中的表现与危害、孩子注意力不集中的原因、给孩子创造利于专注的环境、全面提升孩子的生活品质、利用孩子的兴趣提升注意力、重视调适孩子的不良情绪、教孩子学会自我控制、对孩子进行注意力训

PREFACE

练9个方面阐述了孩子注意力不集中的问题，给出了提高孩子注意力的有效方法。

最后，衷心希望每一位妈妈都能轻松愉快地教育孩子，做最好的妈妈；希望每一个孩子都能集中注意力，健康成长，快乐成才。

目录

第一章　对，这就是注意力！
——注意力是孩子心灵的窗户

人的心理活动指向和集中于某种事物的能力就是注意力。一个人是否拥有良好的注意力，不仅与他的智力发育、发展有密切联系，而且也会影响他的学习与工作。为了让孩子能在未来有所建树，我们就要从他小时候起对他加强注意力的培养。

1. 天才就是不断地注意！——注意力是心灵的窗户 / 3
2. 跟大脑有关哦！——从脑科学的角度认识注意力 / 8
3. 衡量注意力好坏的标志！——注意力的四大品质 / 12
4. 注意力是天生的吗？——孩子注意力的几个特点 / 16
5. 原来是这样啊！——认识孩子注意力发展的规律 / 20

第二章　爱走神，成绩也差哦！
——注意力不集中的表现与危害

注意力不集中是孩子普遍存在的一种现象，也是最困扰妈妈的重要问题之一。孩子注意力不集中，不仅会影响他的学习成绩，还会影响他做事的效率和质量。妈妈要了解孩子注意力不集中的表现与危害，从而更有针对性地给予引导和帮助。

6. 我老是走神！——学习做事经常走神、东张西望 / 27
7. 不知道，不知道！——孩子"一问三不知" / 31

8. 这个错误犯了好几回了！——做题经常犯同一类错误 / 35

9. 我没有注意到！——孩子做事忽略细节，粗心大意 / 39

10. 我也不想慢吞吞的！——孩子做事总是拖拖拉拉 / 43

11. 是虎头蛇尾吗？——孩子做事有始无终 / 47

12. 又被老师批评了！——孩子经常违反课堂纪律 / 52

13. 我没考好！——孩子学习效率低，学习成绩差 / 56

14. 我真的不行啊！——孩子自信心不足，经常很自卑 / 60

15. 我理不清呢！——孩子思维迟钝，跟不上别人思路 / 64

第三章 不能聚心一处，为什么呢？
——孩子注意力不集中的原因

孩子总是不能聚心一处，这到底是为什么呢？事实上，导致孩子注意力不集中的原因是多方面的。要想改善孩子注意力不集中的问题，首先要找到他注意力不集中背后的真正原因，然后再根据实际情况采取有针对性的措施和具体的训练方案。

16. 生理？病理？环境？——注意力不集中的三大主因 / 71

17. 就想引起他人关注！——注意力不集中的心理原因 / 75

18. 父母也有问题！——对孩子的教育方式不恰当 / 80

19. 我不愿意学习！——孩子贪玩，对学习没有兴趣 / 84

20. 我压力好大！——学习压力过大导致注意力难集中 / 88

21. 其身正，不令而行！——没有给孩子做个好榜样 / 92

第四章 这个环境，你喜欢吗？
——给孩子创造利于专注的环境

墨子认为，人性如素丝，"染于苍则苍，染于黄则黄"，说明人的品德和性格会随着所处的环境与接受的教育而变化。瑞典教育家爱伦·凯曾经指出，良好的环境是孩子形成正确思想与优秀人格的基础。他们说的道理是一样的，都是环境之于人的重要影响。若要培养孩子良好的注意力，成为一个专注的人，环境起着非常重要的作用。要为孩子创造一个利于专注的环境，让他的注意力能在环境的熏陶下得到大幅提升。

22. 好温馨啊！——给孩子创造整洁温馨的家庭环境 / 99
23. 我很喜欢这个房间！——在孩子房间营造学习氛围 / 104
24. 请勿打扰！——孩子学习时，对他减少干扰和刺激 / 108
25. 我真的快不了！——不要总催促孩子"快，快，快" / 113
26. 您都说了多少遍了！——不要对孩子唠叨个没完没了 / 117

第五章　健脑！踏青！生活有规律！
——全面提升孩子的生活品质

　　孩子的注意力是否能够集中，除了主观上的原因，与他的生活品质也息息相关。比如，良好的睡眠、有规律的作息、合理健康的饮食，以及与大自然的亲密接触等，都能够有效地提高孩子的注意力。所以，我们一定要全面提升孩子的生活品质。

27. 早点睡吧，宝贝儿！——保证孩子有充足的睡眠时间 / 123
28. 吃点"健脑菜"！——让孩子的大脑有足够的营养 / 127
29. 哦，我们踏青去喽！——经常带孩子接触大自然 / 131
30. 合理健康的膳食！——饮食均衡也会让孩子更专注 / 135
31. 生活要讲规律哦！——教孩子过有规律的生活 / 140
32. 这是暴力，我反对！——不用软硬暴力培养孩子专注力 / 144

第六章 妈妈支持你的兴趣！
——利用孩子的兴趣提升注意力

孔子曾说："知之者，不如好之者；好之者，不如乐之者。"知道怎么学习的人，不如爱好学习的人；爱好学习的人，又不如以学习为乐的人。也就是说，学知识本领，爱好它的比知道它的接受快，而以此为乐的又比爱好它的接受得更快。在某种程度上，这讲的就是兴趣的重要性。爱因斯坦说过："兴趣是最好的老师。"这句话对提升孩子的注意力也同样适用。孩子的注意力持续时间通常较短，但对于他感兴趣的事，却能维持相对较长时间的注意力。如果能抓住孩子的兴趣点，就等于抓住了他的注意力。

33. 这个我不喜欢！——不要强迫孩子做他不喜欢的事 / 151
34. 喜欢就做吧！——不要干涉孩子做他喜欢的事 / 156
35. 你问得很好！——利用好奇心培养孩子的学习兴趣 / 160
36. 这次做得真不错！——及时赞美孩子的每一个进步 / 165
37. 就知道瞎折腾！——不要亲手毁掉孩子的兴趣 / 170
38. 欢迎妈妈吗？——与孩子一起做他感兴趣的事 / 175
39. 咱们做个游戏吧！——与孩子一起做提升注意力的游戏 / 179
40. 注意休息哦！——教孩子学会交替学习，合理用脑 / 183
41. 妈妈提醒你一下！——要让孩子明确注意对象 / 187

第七章 妈妈理解，我心里也很难受！
——重视调适孩子的不良情绪

情绪是重要的非智力因素。积极的情绪会带给孩子良好的心境，使他心无杂念，从而更好地学习；而焦虑、恐惧、紧张等不良情绪，则会干扰孩子的正常认知，导致注意力不集中。所以，对孩子注意力的培养，我们也要重视他的情绪调节，教他保持良好的情绪。

42. 有什么事跟妈妈说！——孩子忧郁，及时关爱和引导 / 195

43. 为什么焦虑呢？——孩子焦虑，及时帮助他摆脱 / 199

44. 相信自己，你可以的！——要给孩子积极的暗示 / 204

45. 发泄出来就好了！——教孩子表达自己的坏情绪 / 208

46. 没什么大不了！——缓解孩子考试等大事前的紧张感 / 212

47. 妈妈会克制的！——帮助孩子远离"情绪污染源" / 217

48. 要做个乐天派哦！——培养乐观的孩子，笑对不如意 / 221

49. 放松训练开始！——引导孩子学会放松自己的身心 / 225

50. 没有什么好怕的！——帮助孩子消除畏难情绪 / 229

第八章 掌控自己，才能掌控未来！
——教孩子学会自我控制

孩子注意力不集中，很大程度上是因为他缺乏自我管理的能力，也没有强大的自控力，不能掌控自我。在生活中，很多孩子也就无法集中精力预习、听课、写作业、复习等。可以说，孩子只有学会了自我控制，才能让注意力更加集中，如此也才能掌控自己人生的未来！因此，要注意培养和提升孩子的自我控制力。

51. 等一会儿哦！——用延迟满足提升孩子的注意力 / 235

52. 不要那么冲动哦！——培养孩子强大的自制力 / 240

53. 你想什么时间完成？——教孩子给自己规定完成期限 / 244

54. 走，一起去跑步！——舍得让孩子参加体育锻炼 / 248

55. 你能独立完成！——鼓励孩子自己做作业，我们不陪 / 252

56. 做好这一件事！——让孩子学会每次只做一件事 / 256

57. 要事第一！——集中精力做必须做的事 / 260
58. 再坚持一下！——重视培养孩子的耐力与忍耐性 / 265

第九章 必要的练习还是不能少的！
——对孩子进行注意力训练

　　集中注意力并不是孩子天生就会的，需要我们对他进行有针对性的、有意识的培养。所以，采用简单、科学、实用的方法，对孩子进行相应的注意力的训练是十分必要的。这些训练，既有助于孩子集中注意力，也有利于孩子其他能力的发展。

59. 让思路"追老师"！——对孩子进行有意注意训练 / 273
60. 引导孩子多读书！——对孩子进行阅读训练 / 277
61. 让孩子大声读书！——对孩子进行眼耳口协调训练 / 283
62. 送鸡毛信喽！——对孩子进行目标引导训练 / 287
63. 智慧在手指尖上！——对孩子进行动手能力训练 / 291
64. 满足孩子听的需求！——对孩子进行听觉能力训练 / 296
65. 看谁算得快！——对孩子进行注意力转移训练 / 300
66. 尝试"一心二用"！——教孩子学会分配注意力 / 304

第一章
Chapter1

对，这就是注意力！

——注意力是孩子心灵的窗户

人的心理活动指向和集中于某种事物的能力就是注意力。一个人是否拥有良好的注意力，不仅与他的智力发育、发展有密切联系，也会影响他的学习与工作。为了让孩子能在未来有所建树，我们就要从他小时候起对他加强注意力的培养。

1 天才就是不断地注意！
——注意力是心灵的窗户

我们生活在一个多彩的世界里，这个世界充满了千姿百态的事物与现象。但我们凭什么得出这样的结论？我们如何知道世界是这般多姿多彩的呢？其实，能让人类产生这样感觉的原因，就是人们拥有注意力。

俄国著名教育家乌申斯基这样评价注意力："注意力是我们心灵的唯一门户，意识中的一切，必然都要经过它才能进来。"

法国生物学家乔治·居维叶则说："天才，就是不断地注意。"

就连伟大的革命导师马克思也同样表示："天才就是集中注意力。"

由此可见注意力是多么重要。可以说，人类认识世界的一切信息与智慧，都是借由注意力才获得的。作为大脑进行感知、思维、记忆、逻辑判断等所有认识活动的基本条件，注意力是一切认识的基础。

历史上许多著名的科学家之所以取得令人瞩目的成就，与其拥有良好的注意力有很大关系。良好注意力对他们帮助很大。

法国科学家居里夫人自小就有良好的注意力，即便有其他姐妹对她做恶作剧，她也能专心地读书。后来，她更是专心地进行放射性元素的研究，无论取得了怎样的成就，获得了怎样的声誉，她也丝毫不为所动，依旧专心于科学事业。

英国细菌学家弗莱明，在诸多的培养器皿中发现了一只长出了一团青色霉菌的培养皿。他对这个现象格外注意，并由此展开了认真的观察，还进行了严谨的培养研究。最终，他发现了一种强有力的杀菌物质——青霉素。

法国雕塑家罗丹，在朋友到访时依然专心地修改自己的雕像作品，仿佛朋友压根不存在一样。他一边修改还一边念念有词，就好像那雕像才是他的朋友。他在专心地工作了两个小时之后才满意地停止，却将来拜访他的朋友忘了个一干二净。

…………

类似这样的事例数不胜数，无论哪个行业，无论做什么事，几乎每一位历史人物所作出的卓越贡献，无一不与注意力有着千丝万缕的联系。

正是因为他们对自己分内工作的全神贯注，才有了人类文明的飞速发展。

中国传统文化也特别重视注意力，如提到读书，即有"两耳不闻窗外事，一心只读圣贤书"的说法，说的就是读书要专注，要集中注意力，专心致志与圣贤进行心灵的对话，而不要被外界的信息所干扰，根本不是今天所谓的"死读书"的含义。

儒家经典《中庸》中说："博学之，审问之，慎思之，明辨之，笃行之。"就是要广泛地学习，有问题要仔细地询问，还要慎重地思考，要能明辨各种观点，还要踏实地去执行。这段话将学习中需要做的事情都提到了，说的是为学的几个层次，或者说是几个环环相扣的阶段。博学之，就是要广泛地学习、涉猎知识，以博大的胸怀兼容并蓄，做到"海纳百川，有容乃大"，这是为学的第一个阶段。审问之，是第二个阶段，即遇到不明白的问题就要追问到底。慎思之，是第三个阶段，即问过之后还要通过自己的思考分析来考察、判断，为自己所用。明辨之，是第四个阶段，即去辨别明白，如果不去辨别，难免会"博学"到鱼龙混杂、良莠不齐、真假难辨的知识，学问是越辨越明的，所以明辨是非常有必要的。笃行之，是最后一个阶段，即把所学落到实处，做到知行合一，而且要坚持不懈。如此做学问，才能真正学有所成。这个做学问的过程，一定是注意力高度集中的过程。

南宋理学家朱熹在《训学斋规》（又名《童蒙须知》）中提到："余常谓：读书有三到，谓心到、眼到、口到。心不在此，则眼不看仔细，心眼既不专一，却只漫浪诵读，决不能记，记亦不能久也。三到之中，心到最急，心既到矣，眼口岂不到乎？"大意是，读书要有三到，即心到、眼到、口到。如果心不在读书之上，那么眼睛自然也就看不仔细，思想也就无法集中，这样一来读书也就只是随随便便地诵读罢了，什么都记不住，就算记住了也不能长久。所以，三到之中，心到最为重要，只要思想集中了,眼睛、嘴巴当然也就能各司其职。这段话可谓给读书规定了一个虽然严苛但却非常有用的准则,读书学习就该专心致志,将全部注意力都集中到眼前的学习上,就算有其他的事,也要等学习结束之后再考虑。在读书的过程中,不仅要细读以读懂基本概念、掌握基本内容,也要扩大阅读范围,广泛阅读,以增加知识面。专注读书才能保证读书学习的质量。

可见,古今中外的学者都非常强调注意力的重要性,注意力不集中,学问就很难做好。

对于孩子来说,注意力是他成长道路上绝对不能被忽略的一项能力。学习时需要注意力,否则大脑无法接收并记忆知识;玩耍时需要注意力,否则体会不到快乐;在与人交往时也需要注意力,只有这样才能与他人建立起最基本的联系……对于孩子来说,良好的注意力可以帮他打开心灵的窗户,让他能更广泛、更深入地接触、认识并了解这个世界。

可是,现在很多孩子的注意力状况却令人堪忧。

《中国青少年注意力状况调查报告》显示,在接受调查的2 000多名大中学生中,仅有58.8%的人在上课时能集中注意力;只有39.7%的人可以坚持听课30分钟以上。而自习时,则只有48.6%的人可以集中注意力,有超过20%的人经常走神。调查还显示,只有16.1%的孩子表示,曾经从学校、父母或社会机构得到过关于提高注意力的帮助,有52.7%的人认为父母、学校还是关心自己的注意力问题的。

可这样的结果却也同时表明，依然有将近一半的父母是不关心孩子注意力问题的。不仅如此，在孩子出现注意力不集中的表现时，更多的父母也只是提醒督促，认为他就是学习不专心，需要父母多监督。

看到这里，我们也不得不反思一下自己的行为了。

我们总是埋怨孩子不进步，总是说他不爱学习，也经常因为孩子不好好听讲而责备他，到了气头上，我们还可能会对他大吼大叫，甚至是拳脚相加。身为妈妈，操心孩子的学习与成长无可厚非，但我们有没有想过孩子出现这些问题的原因呢？很多时候，我们只关注这些表面现象，只凭借眼睛看到的就去斥责孩子，而且还只是单纯地斥责，从来没有认真找过其中的原因。

孩子也许并不知道注意力是什么，如果他一直因为注意力不集中而犯错，而我们也一直因为他犯错而训斥他，长此以往，孩子的自尊心就会受到严重影响，其他各方面能力发展也会因此而变得更加糟糕。

这时候我们应该静下心来研究一下孩子的注意力，帮他打开这扇心灵之窗，让那些瞬间即逝的、有价值的信息源源不断地输入他的大脑，激活他的思维，启发他的思考，使他也能对学习、对一切有意义的事情保持极高的关注度，并努力取得好成绩。

虽然并不是所有孩子都是天才，但只要孩子能拥有良好的注意力，那么无论是学习还是生活就都能做到专心致志，至少这能保证他将一件事完整准确地做完，这对孩子来说也已经算是一种财富了。

2 跟大脑有关哦！
——从脑科学的角度认识注意力

提起孩子的注意力，很多妈妈会不自觉地皱眉头，因为那太难"搞定"了。就拿上课来说，课堂上很少有孩子能专心致志地听完一整堂课，他们似乎永远都有做不完的小动作，不是和同学说说悄悄话，就是将桌面上所有能拿起来的东西都拿在手中不停地把玩，哪怕是一小片废纸，都能玩上半天。

事实上，不仅孩子会出现注意力不集中的情况，很多成年人也会出现类似的注意力涣散的情况，在成年人身上，这种情况又称为"大脑肥胖症"。

某大型招聘网站曾发布过一项"职场人大脑肥胖症特别调查"，结果显示，近七成白领都存在"大脑肥胖症"的问题。

在工作中，很多白领都会被电脑上突然弹出的新闻或者新

> 邮件，以及忽然接到的电话吸引，接着就放下手头的工作转而去关注其他事物了。这就是典型的"大脑肥胖症"的表现。
>
> 调查发现，在集中注意力做一件事时突然被打断，很多人再恢复注意力重新去做原来的事就要耗费更多时间。调查结果显示，有46.0%的人可以在处理完突发事件之后，马上集中注意力继续之前的事情；但有32.0%的人表示，一旦注意力被打断，就要花很长一段时间才能重新集中。

由此可见，注意力分散并不是孩子所特有的表现，成人也有，而且在今天因为电子设备、各种社交媒体的广泛使用，人们的注意力比以前下降更多。所以，我们应该从更深层次来分析注意力。控制注意力的是人类的大脑，因此我们从脑科学的角度来重新认识注意力，这样才能更科学地帮孩子学会集中注意力。

美国麻省理工学院的脑神经学家罗伯特·戴斯蒙研究发现，大脑中控制注意力的是前额叶皮质区的神经元，当这些神经元一起释放信号时，就会由于共振而形成信号上下波动类似于正弦曲线一样的伽马波，这时人就可以主动选择注意力的方向。

注意力不集中主要有两种表现，一种就是专心不足倾向，就是做什么事都不专心，这种倾向的产生与大脑额叶外侧相关；另外一种就是专心过剩倾向，就是对某种事物太过执著而难以自拔，这种倾向与额叶内侧、带状回的活动过剩有紧密关系。

在了解了注意力与大脑的关系之后，我们在培养孩子的注意力时就不要那么急躁，也不要总是训斥孩子了，而是要寻找科学的方法。

其实，孩子之所以会注意力不集中，其中一个很大的原因就是我们提供了太多吸引他前额叶皮质区神经元释放信号的因素。

比如，现在的孩子有各种各样的玩具，即便是去吃一顿快餐也能得到玩具，孩子的视野中总是能出现玩具，这些玩具会强烈地吸引他的注意力；而电脑、电视上又会有各种各样的动画片，孩子的注意力也会被这些声光色吸引；现代科技飞速发展，各种新鲜的、稀奇古怪的东西更调动起了孩子的好奇心，功能强大的手机、平板电脑等一系列新兴电子产品也让孩子欲罢不能……正是这些东西让孩子很轻易地就将注意力从学习知识上转移开来。

针对这种情况，我们就要适当减少对孩子的多余刺激，尤其是在他学习的时候，我们要为他准备一个简单的空间，在他的视野范围内多放置一些与学习有关的东西，使他的所有注意力都集中到学习上。

再比如，很多孩子注意力难以保持很长时间，其实也情有可原，大脑如果长时间保持兴奋，也会感到疲劳。那么我们就不妨帮孩子合理安排时间，让他的大脑能得到充分的休息。

孩子的大脑在不断地发育成长，在制定时间表之前，我们首先要了解不同年龄段的孩子注意力到底可以集中多长时间。

一般来说，孩子集中注意力的时间随着年龄增长而延长。1岁以下的孩子注意力的集中时间不超过15秒；1岁半的孩子对感兴趣的事物则可以集中注意力5分钟以上；2岁的孩子集中注意力的平均时间大约为7分钟；3岁的孩子平均为8分钟；4岁则为12分钟；5岁为14分钟；小学低年级的孩子一般可以集中注意力20分钟左右；而10～12岁的孩子为25分钟，12岁以上的则可以达到30分钟。

根据这些时间，我们就可以和孩子一起制定作息时间表，什么时间学习、什么时间休息都进行合理的安排。在他该学习的时候，我们就提醒他认真专心，而到了该休息的时候，就要让他尽情玩耍。

另外，根据脑科学的研究，在培养孩子的注意力时，除了要帮他确定哪种事情是需要真正集中注意力的，还要让他能根据事态的发展及时转移注意力，以免白白浪费注意力。

适当了解一些脑科学知识，有助于我们更合理地帮孩子纠正注意力不集中的情况。而且，有时孩子的注意力不集中，有可能是由某些疾病所导致的注意障碍，如果从脑科学角度去思考的话，我们也能更快地发现孩子的病症，及时做到对症下药。

3 衡量注意力好坏的标志！
——注意力的四大品质

注意力是由大脑来控制的，虽然无论是孩子还是成年人都可能存在注意力不集中的问题，但还是有人注意力要更好一些。注意力好的人做事效率也更高，与之相对的，注意力差的人不仅事情做不好，也容易对他人产生影响。而注意力差的孩子则更会让我们格外担心。

一位妈妈曾非常苦恼地说：

> 我儿子已经上3年级了，周围人都夸他聪明，可我却有很大的疑问。
>
> 要说他注意力不好吧，他在玩游戏、看电视的时候那股专心致志的劲头谁也比不上；要说他注意力好吧，除了玩游戏、看电视，他做其他任何事情却又很难坚持下去。尤其是学习，他非常容易分心。

> 老师也曾经和我说过，我儿子在课堂上经常和别人说话，要不就是做小动作，他的注意力不集中，不仅搅得其他同学没法好好听课，老师上课也容易受他影响。
>
> 我现在到底该怎么做才能让儿子拥有良好的注意力呢？

很多孩子都有这样一种"特性"：玩游戏的时候注意力格外集中，学习的时候注意力却很容易分散。但很显然，只是玩游戏的时候注意力集中算不得有良好的注意力，因为孩子的人生并不是只有游戏，他还必须要学习知识、掌握能力、提高本领，他只有专心致志地做好这些事，他的人生才是成功且幸福的。

真正好的注意力应该在以下四大品质上有良好的表现。

注意力的广度

注意力的广度就是注意力的范围，也就是人们在一瞬间里到底能清楚地察觉或认识多少个事物。研究表明，以1秒钟为限，一般人可以注意到4~6个相互间联系的字母，或者5~7个彼此并没有什么联系的数字，又或者是3~4个相互间毫无关联的几何图形。

不过，与成年人相比，孩子注意力的广度则要小得多，同样的时间里，成年人能记住好几个数字，孩子也许只能记住一两个，甚至一个都记不住。当然，孩子的注意力广度不会总这么小，只要加强训练，他的注意力的广度也会有所增加。

注意力的稳定性

一个人在一定的时间内，到底能不能将自己的注意力完全集中在某一特定对象之上，这种能力体现的就是一个人的注意力的稳定性。其实，一个人只要拥有明确的目的，并在内心对自己正在做的事情有一个清楚的认识，注意力的稳定性就会相对好一些。

许多孩子在不同的情境下，注意力的稳定性是不同的。比如，在上课的时候，任何一件小事都能很轻易地将他的注意力转移开；但相反，如果是在看自己喜欢的动画片或图书，就能长时间地坚持下去，不受周围的干扰。这个对比结果显示，孩子对自己感兴趣的事物注意力会更加稳定。

同广度一样，孩子注意力的稳定性也不是一成不变的，随着他慢慢长大，注意力的稳定性会越来越好。

注意力的分配性

注意力的分配性，是指一个人在进行多种活动时，可以将自己的注意力合理分配给各种活动，不会丢掉某个活动，也不至于将所有注意力都集中到某个活动上。

人的注意力是有限的，要做到关注所有的事情非常难，但某些时候也需要能做到"一心多用"，因为这可以提高办事效率。

对于孩子来说，最典型的"一心多用"的例子，就是在学校听课。课堂上，孩子需要一边听老师讲课，一边记录随堂笔记，还要加入自己的思考，这就需要孩子能将自己的注意力进行合理分配。否则，只听课而不记笔记、不思考，也许到最后根本就不知道老师讲了什么；只记笔记而不注意听课、思考，这就等于在进行文字搬运，效果同样也不佳；假如只思考却不认真听课也不记笔记，这又很容易让自己的思维"跑偏"，完全抓不住知识的重点。

也就是说，在某些场合，能较为完美地将自己的注意力合理分配给多个事物，这会帮助孩子大大提高做事的效率。

注意力的转移性

注意力能够快速进行转移并能快速稳定下来，也是良好注意力的一个重要表现。在某些情况下，一个人如果能够主动且有目的地及时将注意力从一个对象转移到下一个对象之上，这也反映出他思维的灵活性。

试想，如果孩子原本正在看有趣的故事书，突然有同学打电话向他询问一道数学题，假如孩子能快速地思考出问题，并详细给予解答，而且放下电话后还能继续将注意力放回到故事书中去，那么我们就可以说这个孩子具备良好的注意力转移性。当然，这种良好的转移性不是天生就有的，需要我们在后天积极培养。

对于注意力的这四大品质，我们应该兼顾，虽然对孩子来说注意力的稳定性最为重要，但是我们也不能只强调这一点，孩子的注意力也要"全面发展"，既要有广度、稳定性，又要能合理分配、适时转移。

4 注意力是天生的吗？
——孩子注意力的几个特点

说起注意力这个话题，有很多妈妈可能会感到苦恼，一边为孩子不能集中注意力而担忧，一边却认为注意力是天生的、不可变的，因此不知所措。那么，注意力到底是不是天生的呢？从下面这段对话中可见端倪。

一位妈妈从学校开完家长会回到家，脑子里一直想着老师对她说的话。

原来，这位妈妈在向老师询问自己儿子的学习情况时，老师告诉她："孩子的注意力似乎不够集中，上课时他总是被其他的声音所干扰，只要窗户外面有什么声音，他一定会盯着窗户看半天；如果教室外面发生了什么事情，他总是坐不住，恨不得跑到门口去看看。上课要专心致志才可能听得进去，他这个样子让我有些担心。"

> 妈妈也很无奈:"在家他也这样,他在自己房间里写作业时,只要客厅有点儿动静,他就会跑出来看一眼,还很兴奋地问这问那。人家别的孩子生来就安静,能集中注意力,我估计我儿子天生就坐不住,天生就没有注意力。"
>
> 老师却摇了摇头说:"注意力也是可以培养的,我希望您能和我一起努力。"
>
> 这番话让妈妈犯了难:注意力不是天生不可变的吗?儿子能变得专心起来吗?

事实上,虽然孩子一出生就拥有了注意力,但这并不意味着注意力不可改变,只要我们加强后天的培养,孩子也能逐渐养成好习惯,变得专心致志起来。可见,这位妈妈的苦恼是多余的。

与成年人的注意力相比,孩子的注意力也有自己的特点,而这些特点恰好就是注意力四大良好品质的"对立面"。也就是说,很多孩子在注意力四大品质上的表现并不尽如人意。所以,要想帮孩子尽快改变注意力不集中的现状,我们就要从他注意力的特点入手。

总的来说,孩子的注意力有以下几个特点。

有意注意与无意注意并存

所谓有意注意,就是一种主动注意,这种注意带有目的性,并受到人主动意识的调节与支配。比如,读书时有意识地注意到书中的内容,并领会书中的意境。

无意注意则是一种无目的的注意，这种注意往往是由于某些特殊的、新奇的、强烈的刺激所引发的。比如，忽然而来的某种声响，可能就会吸引人转移视线，进而转移注意力。

对于小学生，尤其是低年级小学生来说，无意注意表现得十分明显。很多东西都可能会将他原本的注意力打断。就如前面事例中的老师所说，任何一点外界事物都可能会将孩子的注意力从书本上拉走，而再想让他将注意力拉回来就显得有些困难。

不过，随着成长，孩子也会从无意注意逐渐向有意注意转移，直到有意注意占据其注意力的主要地位。

注意力的广度依然有限

孩子的注意力广度不及成年人，他们原本就不善于注意事物的内部联系，所以若要让孩子注意某些东西，他们就只能一个事物一个事物地去看，并不能像成年人那样同时注意许多事物。比如要读课文，他们只能一个字一个字地阅读；要记忆生字，也需要记住一个再记一个，不能两个同时记忆；如果很多东西摆在面前，孩子只能专注于一样，不会好几样都兼顾；等等。

但这种情况随着孩子年龄的增长就会逐渐得到改善。所以，我们也不要太过心急，不要硬逼孩子什么都注意到，要给他一个成长的过程。

注意力的集中性与稳定性有待加强

除了注意的范围不够广，孩子注意力的集中性与稳定性也不强，若要让他将注意力都集中在某一事物上，他可能很难做到长时间对其保持足够的注意力。

当然，这种时间短也是相对的，对感兴趣的事物，孩子的注意力就要相对更集中、稳定一些；对于那些具体的、可操作的工作，其注意力也较容易集中与稳定；然而，对于一些抽象的公式、定义或者单调刻板的对象，以及那些他们不愿意做的事情，注意力就会很容易被其他有趣的事物所干扰，再加上孩子自制力差，一旦注意力离开，就更不容易重新"启动"。

无法更好地分配与转移注意力

孩子还有一个明显的特点，那就是无法对自己的注意力进行合理分配，也不会在适当时候转移自己的注意力。

就拿听课来说，孩子可能无法很好地协调自己的眼、耳、手、脑，不能调动多种感官来一起"听"课，可能会出现只听老师讲而不记笔记，或者只顾抄老师的板书却忘记了思考。

而让孩子将注意力从一件事物上转移到另一件事物上也很难，他要么是转移不过去，要么就是转移速度慢。比如，从课间休息到上课，有的孩子就无法将注意力从课间游戏转移到课程之上；再比如，从第一节语文课到第二节数学课，孩子可能也无法迅速地将关注的重点由生字变成数学公式。

5 原来是这样啊！
——认识孩子注意力发展的规律

孩子的注意力发展并不是独立的一个心理过程，根据心理学家的研究，注意力发展是感觉、直觉、记忆、思维等一系列心理过程的一个共同特征。注意力具体可分为无意注意与有意注意，孩子注意力的发展特点，就是最初是无意注意，然后从无意注意向有意注意过渡，直到主要使用有意注意来认识世界。

而这个无意注意与有意注意的分界线，被科学家们定位于孩子3岁的时候。也就是在3岁之前，孩子主要使用的是无意注意；而3岁之后，孩子则主要使用的是有意注意。

孩子在开始使用有意注意之前，其注意力的发展具有一定的规律性，我们也要了解一下这些规律。

0～3个月，孩子开始具备选择的喜好

孩子还是新生儿时，就已经具备了一定的注意能力，当他醒着的时

候，周围环境的巨响、强光等一些强烈的刺激，就会令他产生无条件的定向反射。

在2~4个月时，孩子就会出现条件反射，当他周围出现人脸、声音以及色彩艳丽的图像时，他就会比较安静地注视片刻，不过这种注意持续的时间很短。而此时，除了那些强烈的外界刺激，一些能直接满足他的需要或者与满足需要相关的事物，比如奶瓶、妈妈，都能引起他的注意。

除此之外，此时的孩子也已经具备了一些选择的喜好。

比如，曲线与直线相比，他更喜欢曲线；规则与不规则图形之间，他会选择规则图形；与轮廓密度小的图形相比，他更喜欢轮廓密度大的图形；在对称物体与不对称物体之间，他更喜欢对称的物体；等等。

3~6个月，运动为孩子的探索增加可能性

3~6个月大的孩子，其身体运动技能已经有了一定的发展，于是他便开始扩大自己的探索范围。此时他的头部运动更加精细，双手的触摸、抓取等动作也趋向于稳定，获取信息的能力大大增加。同时，视觉注意力也有所发展，依靠视觉对外界进行搜索的时间缩短。

此时孩子的好奇心更加旺盛，不再专注于简单的图像，开始迷恋复杂且有意义的视觉体验。无论是对物体的观察还是操作，能力都有所提升，注意也不再是一带而过，注意的质量有所提高。

6~12个月，孩子觉醒时间延长，注意的外延不断扩展

6~12个月大的孩子不再整日处于睡眠之中，觉醒时间延长，逐渐地会坐、会爬、会站，并用更长的时间进行外界探索，开始有了社会交

往倾向，并不断以此来获得新信息。

此时孩子的注意除了表现在视觉选择上，还表现在抓取、吮吸、倾听、操作及运动的选择上。此时他的注意还具备了记忆感，面对熟人和陌生人，也具备了一定的选择性反应。

1岁左右，有意注意开始萌芽

当孩子长到1岁左右时，已经开始出现有意注意的萌芽，这时的孩子可以坐得更久，对周围事物的注意力也有所增加。如果此时妈妈手中有一样东西，孩子就可以对着那样东西凝视超过15秒。至于那些他感兴趣的玩具或游戏，他已经可以专心致志地持续注意3分钟左右了。

2岁左右，有意注意有所发展

2岁左右的孩子活动能力比之前增长得更多更快，生活范围也迅速扩大，对周围事物的兴趣会更加浓烈。此时孩子的有意注意已经有所发展，对我们提出的一些简单的任务要求，他也能基本完成。

这时的孩子已经可以专心地听我们给他讲故事,也能专心地玩一个玩具,不过他的注意力最多只能坚持15分钟。如果看到了自己喜欢的书,他可以专心地去翻阅10分钟。

此时如果我们要求他注意某样东西,虽然他可以很听话地照做,可一旦有外界干扰,他的注意力就会立刻被分散转移。

3岁左右,有意注意慢慢成熟

孩子从3岁左右开始,对周围的新鲜事物会投入更多的兴趣,此时他已经可以连续投入15~20分钟来专心做一件事。有意注意进一步发展,但更多的时候还是以无意注意为主。

此时他注意的范围逐步扩大,在要求之下,他也能有意识地去注意观察各种事物。对于自己感兴趣的事物会格外上心,比如自己种的小苗,或者自己动手做的小制作等。他注意的持久性也有所增加,已经可以长时间地集中注意力去做一件事情,比如他可能会蹲在蚂蚁洞旁边看蚂蚁搬家,或者蹲在小鸡旁边看小鸡吃米。

从这样一个发展情况来看,孩子的注意力的确是在不断地提升,当他长到10~12岁时,注意力已经趋于成熟,此时他可能维持注意力达到25分钟左右。而且,如果是他感兴趣的事物或者能给予他持续且足够的刺激,他保持注意力的时间还能不断延长。

第二章

Chapter2

爱走神，成绩也差哦！

——注意力不集中的表现与危害

注意力不集中是孩子普遍存在的一种现象，也是最困扰妈妈的重要问题之一。孩子注意力不集中，不仅会影响他的学习成绩，还会影响他做事的效率和质量。妈妈要了解孩子注意力不集中的表现与危害，从而更有针对性地给予引导和帮助。

6 我老是走神！
——学习做事经常走神、东张西望

有调研显示：75%的孩子存在注意力不佳的状态。学习做事经常走神、东张西望，是缺乏注意力的孩子的通病。而这势必会影响孩子的学习或做事效率。

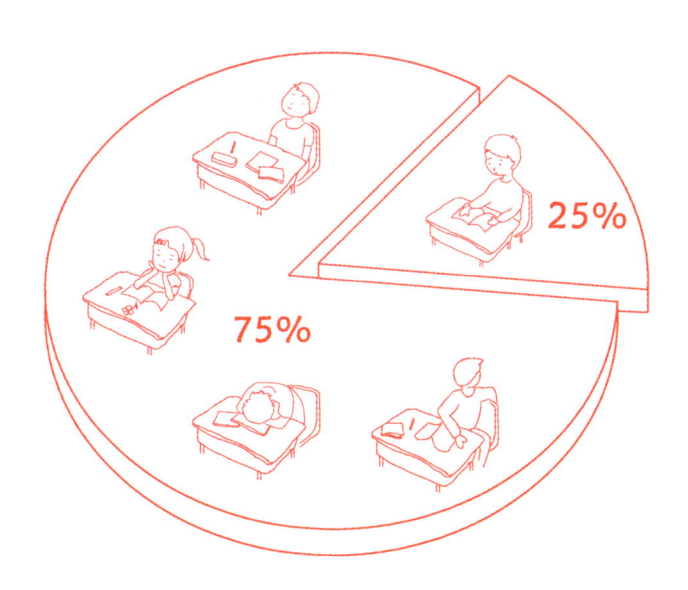

就拿孩子的学习来说，如果孩子在课堂上经常走神、东张西望，就会跟不上老师的思路，造成知识的疏漏，不仅降低听课的效率，更会影响学习成绩。于是有人这样说："注意力是学习的窗口，如果没有它，知识的光芒就照射不进来。"

> 有个男孩刚升入小学一年级，期中考试的成绩不理想。老师向男孩的妈妈反映，他上课总爱走神，教室里稍有一点儿动静，他就会东张西望，要是叫他起来回答问题，他常常是答非所问，或者是愣在那里不知所云。
>
> 不过，妈妈却对此不以为然。因为妈妈认为，孩子年龄还小，又是男孩，爱走神、爱东张西望都是正常现象，随着他年龄增长，自然就会有所改观。

很多妈妈可能都会有类似的想法，认为孩子的注意力会随着年龄的增长而改善，甚至搬出心理学研究报告：5~6岁的孩子注意力只能维持10~15分钟，7~10岁孩子的注意力能维持15~20分钟……

的确，随着孩子年龄的增长，他注意力集中的时间会随之延长。不过，我们也不能因此而对孩子爱走神的现象不闻不问，甚至放任自流。如果我们任由孩子的这一现象发展下去，就会错过训练孩子注意力的关键期，等到他养成了不好的习惯，改起来就会非常难。所以，作为妈妈，我们要重视孩子爱走神的现象，要想办法提高他的注意力。

收起那些容易引起孩子走神的物品

孩子在学习或做事的过程中很容易被周围的物品所吸引。比如，孩子写着写着作业，就玩起了手边的玩具，这势必会影响学习效率和作业质量。所以，我们要尽量减少与孩子学习或做事无关的刺激，要收起那些容易引起他走神的物品。

比如，孩子的书房要整洁、干净，不要太过鲜艳，不要放他喜欢的玩具或稀奇古怪的玩意儿，不要在墙面上悬挂卡通画、照片等；孩子的书桌上只能放与学习有关的书本、文具，把暂时用不到的书本、杂物分别放在书架上、抽屉里。如此一来，孩子在学习的时候，就不容易因周围事物而走神了。

引导孩子带着任务去学习或做事

孩子在学习或做事时没有任务，他就会有一种盲目感，自然就很容易走神。所以，在孩子学习或做事之前，我们要帮助他明确具体的任务，并增强他完成任务的信心。

就拿预习功课来说，一方面，我们要引导孩子明确预习的内容，如语文第十课；大概预习哪几个方面，如熟读课文、画出重点字词和生僻字、标记出重点难点和疑问；大约需要多长时间，如20分钟；要达到什么目标，如对课文有一个整体了解。另一方面，我们要增强孩子完成任务的信心，可以这样对他说："只要认真预习，明天上课就会很轻松，老师讲到哪里，你都会知道，老师提出的问题，你也会快速找到答案。"

孩子学习或做事的任务越明确、越具体，完成任务的信心越坚定，他的注意力就越容易集中，自然就不会走神。

教给孩子克服走神的方法

孩子在学习或做事的时候走神，似乎是难以避免的事情。我们不妨教给孩子一些克服走神的方法。

可以教孩子通过"自我暗示法"，克服走神的现象。比如，可以运用语言方式提醒自己，当发现自己走神的时候，就在心里默念"注意听""专心做""集中精力"等；也可以把这些话写在小卡片上，把小卡片放在显眼的地方，如铅笔盒里、课本上、书桌上、墙面上等。久而久之，孩子就会形成一种思维惯性，只要一发现自己要走神，就会马上将其"扼杀在萌芽状态"。

也可以教孩子把走神的情况记录在一个专门的本子上，比如，孩子在上语文课的时候，想起了下周要去游乐园玩的事情，那就在本子上简单记录：星期一，语文课，游乐园，大约5分钟。同时，我们也要引导孩子学会总结，看看自己都是因为什么而走神，并引导他明白"想那些事情是多么无聊，浪费了多少宝贵的时间"。如此一来，孩子就会对走神越来越厌恶，自然就会集中精力去学习或做事了。

7 不知道，不知道！
——孩子"一问三不知"

一问三不知，出自《左传》，"三不知"，是指对事情的起因、经过与结果都不知道。如今，"一问三不知"的意思是，不管怎么问，总说"不知道"，也有假装不知道的意思，有明哲保身的意味。

很多时候，当我们问孩子话的时候，他也会以"不知道"来回答。

一位年轻妈妈曾对我说：

> 我儿子8岁了，每次放学回来，我都会问他"今天老师都讲什么了""都和谁在一起玩了""中午在学校吃的什么饭"……而他总会回答"不知道"。
>
> 这时候我就让他认真想一想，可他还是一问三不知。我觉得很奇怪，儿子到底是真不知道还是假装不知道？是不是智力有问题？

孩子"一问三不知",有多方面的原因。比如,孩子心情郁闷,所以不愿意说;孩子没有主见,就会以"不知道"来回应;问题太抽象,超出了孩子的认知程度和理解能力,孩子只能说"不知道";孩子担心说出来不被接纳,甚至被批评,就会回答"不知道"……

此外,还有一个重要的原因,孩子注意力不集中,也会出现"一问三不知"的现象。比如,我们问孩子今天老师讲了什么内容,如果他没有集中精力去听课,他肯定就会"不知道";我们带孩子参观博物馆,如果他没有集中注意力去观察,那么我们问他关于某件藏品的问题,他自然就会回答"不知道"。

因此,面对"一问三不知"的孩子,我们不要着急,更不要因此而批评、责骂,而是先接纳孩子的现状,弄清楚他"一问三不知"的原因,再对症下药。

先接纳孩子,后用平和的态度引导他

听到孩子回答"不知道",相信很多妈妈都会非常着急,甚至会训斥孩子"连这么简单的问题都回答不上来""就会说'不知道',问你叫什么,你是不是也打算回答'不知道'啊"……这会令孩子倍感压抑,甚至会继续躲在"不知道"的保护网里。

我们要先接纳孩子,再用平和的态度引导他,比如,"你所说的'不知道',是不清楚我的问题,还是真的不知道答案""妈妈很想了解你的想法,可以再多说一些吗",等等。如此一来,孩子就会慢慢地敞开心扉。即使孩子因注意力不集中而无法回答我们的问题,他也会真诚地告诉我们原因。

改变与孩子交流的方式

很多妈妈在与孩子交流的时候，一开口就提学习，一开口就是质问，比如，"今天老师讲了什么内容，你都记住了吗""今天有没有被老师批评"……孩子就算想主动聊聊学校发生的事情，一听到我们的问话，他也会说"不知道"，或者简单地回答"嗯""没有"。

来看看这位妈妈是如何做的吧！

> 妈妈接女儿放学，见她很开心，便问："看来你今天玩得很开心，快和妈妈分享分享吧！"女儿滔滔不绝地说起了在课堂上发生的有趣事。
>
> 当她讲完后，妈妈积极地回应道："太有趣了。妈妈还想知道老师今天都教给你什么知识了，给妈妈讲一讲吧。"
>
> 随后，女儿又高兴地讲起了当天所学的知识。

不同的交流方式，会让孩子有截然不同的回答。因此，要想让孩子畅所欲言，就要改变与他交流的方式，多以诸如"你今天过得快乐吗""哪节课让你最开心""有没有发生有趣的事""和同学玩得愉快吗"之类的开场白拉开交流的序幕。

学会运用提问的技巧

有时候问孩子中午想吃什么、周末想去哪里玩时，他都会回答"不

知道"。这说明孩子对这件事没有主见。所以,在问孩子话的时候,不妨事先给出两三个选项,由他选择。慢慢地,孩子就会有自己的主见。

另外,还有一种情况,如果我们问孩子的问题不够具体,他就不知道从何说起,很可能会以"不知道"来回答。所以,我们在问话的时候,要考虑孩子的年龄、理解能力和语言发展水平。比如,对于学龄前的孩子,我们不要问"老师上课都教什么了",而是问"有没有学识字""你们今天是画画了,还是做手工了"。即使孩子一时想不起来今天到底学了什么,听到我们如此具体的问题,没准儿也就想起来了。

教孩子掌握一些听课的技巧

对于孩子因上课注意力不集中而出现的"一问三不知"现象,我们可以教他掌握一些听课的技巧。

比如,孩子要做课前预习,了解这节课的重点和难点,找出疑问,带着目标、任务去听课;充分调动多种器官,用眼睛看,用耳朵听,用心思考,用嘴巴说,用手记;抓住老师讲课的重点,注意听老师的开场白和结束语,听老师在课堂上反复强调的内容,看老师的板书;做课堂笔记的时候,采用课本结合笔记本的方式,把对课文的分析、重点内容标记在课本上,把老师的板书、补充的内容记录在笔记本上。只要孩子能够做到这些,一定可以集中精力去听课。做到这些,我们再询问孩子关于学习的问题,他就会对答如流。

8 这个错误犯了好几回了！
——做题经常犯同一类错误

孩子在成长的过程中，都不可避免地会犯各种各样的错误。其实，孩子不断犯错误的过程，就是不断改正错误、吸取经验、完善自我的过程。孩子在学习中犯错误是很正常的，怕的是孩子经常犯同一类错误。

很多妈妈都有这样的经历：孩子做错的题目，我们会给他认真地讲一遍，他也知道自己哪里做错了，但是他下次还会犯同样的错误。面对孩子接二连三犯同一类错误，有的妈妈就会火冒三丈。

一位妈妈就是这样说的：

> 儿子上三年级，我发现他做题的时候好像都不动脑筋，简单的数学题经常会做错，抄写了很多遍的生字还是会写错。就因为这个，我没少批评他。

> 有一次，儿子写完作业，拿来让我签字。我检查后发现，数学作业一共10道题，他竟然做错了4道，而这4道题中还有3道是平时已经错过好几遍，也重新做了好几遍的题。
>
> 你说我能不生气吗？于是我就跟儿子说："你看这几道题，你都错了多少回了，到底是怎么回事啊？"
>
> 儿子低下头，小声说："我也不想做错，但是……"
>
> 我用手指戳了戳儿子的脑袋，大声说："别说这没用的，你就是太马虎、太粗心了，如果你认真做，怎么会做错呢？你现在就重新做这几道题，我一会儿来检查。真是气死我了！"

很多时候，我们都会像这位妈妈一样，认为"孩子之所以犯同一类错误，是因为他太马虎、太粗心了"。

其实，从心理学的角度来分析，孩子经常犯同一类错误的心理原因是注意力不集中。孩子在做题的时候，尤其是对于口算或解题的中间步骤，依靠的是短时记忆，由于短时记忆的容量小且持续时间短，当新的记忆内容进入他的脑海中时，原先的记忆内容便会被新的记忆内容所替代。也就是说，孩子在做题的时候，如果没有把注意力完全集中在一道题目上，而是想着另一道题或其他的事情，原先的记忆内容就会被替代。这样一来，孩子就会因注意力不集中而做错题。

对于这种情况，我们首先要告诉孩子，在做题的时候不要分心，要把全部注意力都集中在这一道题目上，如果觉得累了，可以在做完一道题目之后休息一下；其次，我们还要想办法训练孩子的注意力，延长短时记忆的时间，从而避免他因注意力不集中而经常犯同一类错误。

除此之外，还要在其他方面帮助孩子，减少他犯同类错误的次数，进而提高学习效率和质量。

心平气和地对待犯错的孩子

孩子经常犯同类错误，当然是让人难以容忍的，批评、责骂、惩罚也就时有发生。殊不知，当我们以粗暴的态度对待孩子时，他关注的焦点就不在错误上了，而是放在了我们的情绪上，他的反抗和厌倦情绪就会被激发出来，很可能还会犯同样的错误。

事实上，犯错的孩子所需的绝不是我们的教训，而是帮助和引导。因此，我们要心平气和地指出孩子的错误，并和他一起想办法解决。如此一来，孩子关注的焦点就会放在错误上，自然也更容易改正错误。

帮助孩子分析做错的原因

孩子经常犯同样的错误，有的妈妈认为这是他练得少的缘故，便让他重复练习。如果孩子不知道自己做错的原因，只是一味地做题，不仅无法纠正错误，还会产生厌烦心理。因此，我们要帮助孩子分析做错的原因，帮助他总结不再犯类似错误所应该注意的事项，从而让他从根上拔出"病痛"，这才是让他改正错误的最佳办法。

比如，如果孩子做错题是因为没有吃透某个知识点，那我们就要给予辅导，或者鼓励他请教老师，从而让他更深入地理解、掌握这一知识点；如果孩子做错题是因为不会审题，那我们就要多让他读几遍题目，可以让他用手指着题目读，这样不仅可以集中他的注意力，还会加强他对文字的识读能力……

只有真正找出症结之所在，并对症下药，孩子才能避免犯同类错误。

给孩子准备一个错题本

为了避免孩子经常犯同一类错误，我们可以给他准备一个错题本，让他把经常犯的错题整理在一起，定期拿出来复习。这样一来，孩子就会特别注意出错的地方，从而减少犯类似错误的次数。

可以教孩子用"正误对照"的方式，把错误记录在错题本上。孩子把错题写在错题本上，然后在错题的旁边注上完整的分析过程，比如，做错的原因，解题的正确方法和依据原理。

孩子建立了错题本之后，还要定期翻看，如一周、半个月或学完一章节，尤其要在考试前翻出来看看。此外，我们还要提醒孩子，对于完全弄懂的题目，可以用笔划掉，对于还没弄懂的题目，要做上标记，作为复习的重点，并及时请教老师或同学，直到自己完全掌握为止。相信孩子会收获颇丰。

9 我没有注意到！
——孩子做事忽略细节，粗心大意

任何一件大事都是由小事组成的，都是由细节组成的。细节虽不起眼，但往往是决定成败的关键，于是有人提出"细节决定成败"。

如今，在我们身边，越来越多的孩子出现了做事忽略细节、粗心大意的现象。造成这种现象的原因有很多种，如注意力不集中、视觉分辨能力差、缺乏责任心等，其表现形式也是多种多样，如做错题、忽略做事的细节、丢东西等。

> 一位妈妈最近发现，女儿无论是学习还是做事，经常会忽略细节，粗心大意。比如，考试的时候，常常是附加题都做对，简单的计算题却会做错，不是看错了数字，就是审错了题；洗碗的时候，妈妈明明告诉了洗碗的步骤，她不是忘了把

台面收拾干净，就是忘了刷炒菜锅。

每当妈妈说女儿太粗心的时候，她都会这样解释："我没有注意到！"虽然妈妈总会耐心地提醒她做事要细心，每次做完作业、考完试、做完事，都要认真检查一遍，她也承诺以后会细心一些，但是却一直不见成效。妈妈感到很困惑，到底怎样才能帮助孩子克服粗心的毛病呢？

这个女孩能做对附加题，却做不对简单的计算题；明明知道洗碗的步骤，却总会忘记某个环节。很显然，她不是不会，而是太粗心大意。之所以会这样，很可能与她注意力的集中程度有关系。

心理学研究表明：如果孩子注意力不够集中，或者是集中的时间不够长，大脑在筛选、分析视觉看到的信息时就会受到不良干扰，信息就会出现差错、遗漏或遗忘，从而出现粗心大意等现象。

如果这位妈妈除了提醒女儿"以后做事要细心"之外，还能有意识地训练她的注意力，相信女孩会慢慢改变这种状况。

孩子出现忽略细节、粗心的现象，虽然很正常，但是如果不及时克服这种弱点，就很可能会给他日后的生活和学习带来不良影响。因此，我们一定要帮助孩子克服粗心大意的毛病，培养他做事细心的好习惯。

多给孩子"细心"的心理暗示

面对粗心大意的孩子，我们不要对他说"怎么这么粗心"，更不要声色俱厉地批评，否则很可能会对"粗心"起到强化作用，反而不利于他克服这一毛病。

相反，我们要多给孩子"细心"的心理暗示，在孩子粗心的时候提醒他"做事要细心，相信你可以做到的"。此外，当孩子认真且集中注意力完成某件事情之后，我们要及时肯定他、鼓励他，强化他的"细心"表现。

只要我们这样去做，孩子就会有一种自己很"细心"的心理暗示，就会产生克服粗心的主观能动性，进而从根本上克服忽视细节、粗心的现象。

提高孩子的视觉记忆力

视觉记忆力，是指人对来自视觉通道的信息进行输入、编码、存储和提取的能力。如果孩子视觉记忆力比较差，就会有以下表现：注意力不集中；看了好几遍的生字，就是记不住怎么写；容易把相近的数字、字母、汉字看错；总是记不住自己的东西放在了哪里；等等。可以说，孩子视觉记忆力差是造成粗心大意的主要原因。

对此，要通过一些训练提高孩子的视觉记忆力。比如，可以和孩子玩一些游戏，把5~10件物品放在桌面上，让他用10秒左右的时间记住这些物品后转身背对物品，拿走其中一两样，让他说出什么物品不见了；可以让孩子描述他刚刚看到过的事物，或者是当天发生的事情；也可以让孩子在读完一个故事或一本书之后，简单复述内容……无论采用何种方式，都不会短期内起作用，而是要耐心等待孩子的进步。

有选择地让孩子做些"细活儿"

平日里，可以根据孩子的性别、年龄、接受能力、个性特点，有选择地让他做一些"细活儿"。

比如，可以和孩子玩"找不同""找错误""串珠子""走迷宫"等游戏，锻炼他的注意力和细心程度；可以陪孩子下棋，让他集中精力思考下一步应该怎么走；可以教孩子缝纫或绣十字绣，让他体会"慢工出细活"；还可以给孩子分配一些诸如择韭菜、剥毛豆、打扫卫生之类的家务活儿，让他静下心来做好每一个小细节……通过这些方式，相信孩子的注意力会被一点点地激发出来，也会变得更细心。

10 我也不想慢吞吞的！
——孩子做事总是拖拖拉拉

做事拖拉是一种非常不好的习惯，对孩子来说更是如此。孩子一旦养成了做事拖拉的坏习惯，就无法按时完成任务，会给自己带来压力与困惑，也会磨掉做事的热情与斗志，甚至会使生活和学习变得一团糟。

很多孩子之所以做事拖拉，很大一部分原因是注意力不太集中。如果孩子能够集中注意力去做事，那么他就可以快速、高质量地完成任务；如果孩子在做事的过程中经常被不相干的事情吸引，势必会影响他做事的速度和效率。

有位妈妈让9岁的儿子去楼下的小超市买瓶醋，并告诉他："快去快回，妈妈还等着用呢！"然而，等了好半天都不见他回来，妈妈不免有些着急，担心他在外面会出什么事，就赶紧

> 跑下楼，沿着去超市的路找他。没想到，儿子和几个小伙伴在超市门口玩了起来。
>
> 看到这样的场景，妈妈生气地吼道："我让你下来干什么了？"
>
> 儿子撅着嘴说："不就是在楼下玩一会儿吗？"
>
> "下楼前怎么和你说的？你不知道妈妈等着用醋吗？你做事的时候能不能专心一点？能不能集中精力做好一件事啊？哪怕你把醋买回去再出来玩儿也行啊！"
>
> 儿子低着头小声说："知道了。"

很多孩子都有类似的毛病，无论他们在做什么事情，眼前的玩具、感兴趣的事情、外面的"风吹草动"，甚至是他们脑海中一些莫名其妙的想法，都有可能分散他们的注意力，使他们把原本要做的事情搁置下来。

看到孩子因注意力不集中而做事拖拉，很多妈妈也会像前面的妈妈一样，先是一顿吼叫，然后是说教。其实，我们需要做的是，尽量减少外界事物对孩子的吸引，强化他的自我控制能力，从根源上帮助他克服做事拖拉的坏习惯。

注意对孩子做事拖拉的评价

很多时候，当我们看到孩子做事拖拉的时候，总会不耐烦地催促他"你怎么就这么慢呢""你就不能利索点吗""快点会死吗"……诸如此类的评价，就如同强化剂，当我们强化的次数多了，孩子就会变得紧张、慌乱，注意力无法集中，自然会影响做事的速度；甚至会产生抵触情绪，进而用肢体语言告诉我们"你越催，我就越慢"。如此一来，我们就不用再指望孩子能快速、高质量地完成任务了。

对于做事拖拉的孩子，不要催促，而是心平气和地去应对，换一种方式去评价。比如，可以先肯定孩子的做事速度，然后再慢慢引导他加快速度，可以这样说："要不是你今天的动作快，我们就差点迟到了，如果下次能再快点，时间就会富余很多，我们也就不用这样急急忙忙的了。"相信孩子会慢慢加快做事的速度。

适当地给孩子一些小提示

孩子注意力不集中，做事慢，我们虽然着急，但也不能总是用语言去提醒他。不妨换一种方式，适当地给他一些小提示，将他分散的注意力重新聚拢起来。

可以做一些比较醒目的提示牌，挂在孩子的活动环境中，让他一看到就能想到自己应该做什么。比如，孩子写作业磨蹭，就可以在他的书桌或墙面贴上"专心写作业哦"的提示牌；孩子穿衣服磨蹭，就可以在他的床头或衣柜贴上"抓紧时间穿衣服"的提示牌；等等。这些小提示会及时提醒孩子集中注意力做该做的事情。

不过也要注意，提示牌不要太多，如果贴得到处都是，会让他产生一种"无所谓"的心理。可以针对孩子几种比较严重的拖拉情况，制作提示牌。另外，提示牌的样式不要太花哨，否则他的注意力被花哨的提示牌外观所吸引，提示语就无法完全起作用了。

针对孩子的年龄特点，帮助他合理利用时间

心理学研究表明：孩子注意力的稳定性是随着年龄的增长而延长的。一般来说，5~6岁的孩子，注意力集中的时间约为10~15分钟；7~10岁的孩子，注意力集中的时间约为15~20分钟；10~12岁的孩子，注意力集中的时间约为25分钟左右；12岁以上的孩子，注意力集中的时间为30分钟。这一点，在前文也曾提到过。

如果孩子已经超出了他的注意力集中时间，自然就会出现做事拖拉的现象。所以，我们要针对孩子的年龄特点，帮助他在注意力集中的时间段内，将时间合理利用起来，提高做事的效率。

比如，可以把名人合理利用时间的方法通过浅显的语言讲给孩子听；可以提高孩子做事的兴趣，如果任务比较繁重，就帮他分成几个小任务，一步步地去做；可以对孩子进行"一分钟专项训练"，如在一分钟内写字、做题、跑步、跳绳等，从而让他学会珍惜每一分钟；也可以让孩子在固定时间内完成某件事情，如3分钟内叠好被子、5分钟内洗漱完毕等，让他产生适当的紧迫感，进而能集中注意力做一件事情……

总之，我们要针对不同年龄段孩子的注意力集中时间，采取不同的方式，帮助他合理利用时间，从而改变他拖拉的坏习惯。

11 是虎头蛇尾吗？
——孩子做事有始无终

我们都听过这样一句话："好的开始是成功的一半。"好的开始的确很重要，如果没有一个好的开始，又何谈结局呢？但是，任何事情的成功，不仅需要"善始"，更需要"善终"。

然而，不管是在生活上，还是在学习上，很多孩子都有做事有始无终、虎头蛇尾的毛病。这一情况是由多种因素造成的，比如，孩子对事情本身缺乏兴趣，缺乏责任感，缺乏恒心，缺乏自信心，等等。

此外，还有一个重要的原因，孩子年龄小，注意力很难长时间集中，自我控制能力比较差，所以就会出现做事有始无终的现象。而这对孩子的生活、学习及将来的事业发展都会产生负面的影响。

老子在《道德经》中讲到这样一句话："民之从事，常于几成而败之。慎终如始，则无败事。"很多人在做事的时候，往往在快要成功的时候却失败了。如果人们做事能够善始善终，始终如一，就能避免这种情况。

因此，要采取一些科学、有效的方法，培养孩子做事有始有终的好习惯。

不随意打断孩子的正常活动

> 儿子正在画画，妈妈一会儿问要不要喝点水，一会儿又说休息一下吧。儿子的注意力屡次被打断，无法安静下来，更无法专注画画，甚至没有心情把一幅画画完。
>
> 女儿正在叠衣服，妈妈对她说："来，帮妈妈一个忙。"于是，她就去帮妈妈的忙了。当她帮完妈妈之后，就彻底忘了还有几件衣服没有叠好。

无论孩子在做什么事情，注意力和思维活动都需要连续性，如果我们总是随意打扰，势必会打断他的思路，分散他的注意力，而注意力或思路一旦被打断，可能要花好几倍的时间才能重新集中注意力、恢复思路，甚至会导致孩子做事有始无终。

因此，当孩子正在专心做某件事情的时候，我们一定不要随意打扰他，而是要尽量给他营造一个安静的氛围，让他专心致志、持之以恒地做事。如果我们想关心孩子，或者是请他帮助，等他做完事情再说也无妨。

根据孩子的实际水平布置任务

很多时候，我们给孩子布置的任务往往不能结合他的实际水平。如果我们给孩子布置的任务超出了他的能力范围，他就会产生知难而退的心理，甚至会慢慢对自己失去信心，注意力自然就无法集中，做事就会虎头蛇尾、半途而废。

我们要根据孩子的实际水平，先让他从比较简单的事情做起，让他通过自己的努力就能坚持完成任务。如此一来，孩子就很容易体会到成功的乐趣，就会慢慢学会约束自己的行为，逐渐建立强大的自信心，从而养成做事善始善终的好习惯。

用鼓励的方式激励孩子坚持把事情做完

年龄小的孩子，或者是注意力差的孩子，很难每件事情都做到善始善终。所以，我们要坚持用正面的教育原则，对孩子采取"少指责，多鼓励"的教育手段。

当孩子做事有始无终的时候，我们尽量不要指责他，而是用鼓励的方式把他的注意力吸引到该做的事情上，可以采用语言方式，比如"只要你再坚持一下，专心做事，一定可以把事情做得更好"；也可以采用

非语言方式，比如，给他一个信任的眼神、拍拍他的肩膀，等等。相信孩子会从我们这里得到前进的动力和力量，会坚持把事情做完。

让孩子承担做事有始无终的后果

下面这位妈妈和女儿的故事，你熟悉吗？面对类似情形你会怎么做呢？

妈妈和10岁的女儿提前约好星期天去图书馆看书。临行前，妈妈叮嘱女儿带齐东西，尤其是借书卡。结果，当妈妈检查她的背包时，却发现她忘了带借书卡，妈妈决定不提醒她，而是让她接受"自然惩罚"。

当母女俩来到图书馆时，女儿说什么也找不到借书卡，着急地对妈妈说："妈妈，我好像忘记带借书卡了。"

"别着急，是不是放在其他地方了？"

女儿想了想，说道："我根本就没把借书卡从抽屉里拿出来，我刚要去拿的时候，突然想起了别的事，我就去做别的事了，后来就忘了拿借书卡了。"

"你看，如果做事做到一半就去做其他事，很可能什么事都做不好。所以，无论做什么事，都要专心，要善始善终。"

女儿点点头，说："我记住了。妈妈，实在对不起，让您白跑了一趟。"

"没关系，如果你能从中吸取教训，这一趟就不算白跑。"

如果我们使用了很多方法，都无法改变孩子做事有始无终的现象，那么不妨像这位妈妈一样，适当地让孩子承担做事有始无终的后果。孩子只有对此有深刻的体会，才有可能作出改变，才有可能慢慢养成做事善始善终的好习惯。

　　不过，我们也不要总用这种方法惩罚孩子，否则会让他产生这样的想法：做事有始无终无非就是给自己带来不便，就是受点惩罚，也没什么大不了的。其实，我们只要适当地抓住几件典型的事情，让孩子感受一下做事有始无终所带来的不良后果就足够了。

12 又被老师批评了！
——孩子经常违反课堂纪律

在课堂上，当孩子的注意力不在老师教授的内容上时，就会有一些影响其听课效果的表现，如走神、发呆等，还会有一些违反课堂纪律的表现，如小动作非常多、主动和周围同学说话、给其他同学递纸条等。

孩子不遵守课堂纪律，不仅会使他变得随心所欲、目中无人，还会影响他的听课效率，进而影响学习成绩。如果孩子的这种行为不能及时得到控制，它就会像"传染性病毒"一样，波及到其他同学，进而影响整个课堂秩序、课堂氛围和教学活动。

> 有个男孩在学校很多方面表现都非常好，热爱劳动，积极参加课外活动，团结同学，唯独一点不好——经常违反课堂纪律。

男孩上课总是注意力不集中，有时候会东张西望，对其他同学做鬼脸；有时候会做小动作，用胳膊碰一下同桌、用脚蹬前排同学的凳子；还会时不时发出怪声，引起全班同学的注意。

男孩经常违反课堂纪律，老师都不知道批评教育他多少次了，但是一直都不见效。后来，老师实在没有办法了，只好给男孩的妈妈打电话说明情况。

为此，妈妈经常提醒男孩"注意听老师讲课，遵守课堂纪律"。但老师还是经常给男孩的妈妈打电话，反映他仍会违反课堂纪律。妈妈用尽了办法，吼也吼了，骂也骂了，打也打了，甚至对他说"你不爱听就算了，千万不要打扰其他同学"。

面对不遵守课堂纪律的孩子，老师伤透了脑筋，妈妈更是急得不得了。就像这位妈妈，一开始采用提醒的方式，由于不见效果，便采用吼叫、打骂的方式，甚至不期盼他能集中精力听课，只希望他能不去打扰同学。多么无奈啊！

教育孩子遵守课堂纪律，一说就灵的情形是罕见的，所以很难一下子就能解决问题，只有采用科学的方法，持之以恒，才能见效。

配合老师教育孩子，但不要火上浇油

孩子被老师批评了，我们不能采取无所谓的态度，而是要了解他犯了什么错误；不要无原则地袒护他，而是要抓住时机配合老师的工作。

在配合老师教育孩子的过程中，千万不要"火上浇油"，不要对他一顿猛批，更不要打骂，否则只会引起他的逆反心理，令事情变得更糟。我们要用心与孩子沟通，帮助他分析犯错误的原因和危害，引导他理解老师的用心，并鼓励他遵守课堂纪律。相信孩子会慢慢有所改善。

弄清楚孩子违反课堂纪律的原因

当发现孩子因注意力不集中而违反课堂纪律时，不要急于说服教育而是要先和任课老师沟通，弄清楚孩子违反课堂纪律的原因。只有找到了问题的根源，才能有的放矢地教育孩子。

一般来说，孩子违反课堂纪律的原因是多方面的，以下是几个主要方面。

第一，孩子本身的抗外界干扰能力较弱，很容易受到周围因素的干扰，比如，周围同学在做小动作、在说话，或用其他事情影响他，他就会转移注意力。对此，要提醒孩子：专心听课，不要受其他因素的影响，如果有人打扰你，你要善意地提醒他认真听课，如果他仍然影响你，就要把这一情况告诉老师，请求老师的帮助。

第二，孩子对所学的科目不感兴趣，上课的时候就很容易分神，容易违反课堂纪律。针对这种情况，我们要想办法激发孩子的学习兴趣。关于这方面的内容，我们在后面的章节中会有详细讲述。

第三，孩子听不懂或不理解老师所讲的内容，就很难集中注意力听课。对于这种情况，我们要想办法和老师取得联系，询问孩子目前的学习状况，并根据具体情况给他补课，或者请家教，从而让他尽快跟上老师的教学进度。

总之，我们要在平日里多关心孩子，认真分析他违反课堂纪律的原因，从而采取积极有效的方法予以纠正。

注重培养孩子的纪律性

无论孩子走到哪里，他都要遵守相应的纪律。所以，在日常生活中，我们要注重培养孩子的纪律性。

一方面，我们要引导孩子明白，作为社会上的一员，每个人都要遵守社会的纪律。在家里，要遵守家里的纪律；在学校，要遵守学校的纪律；在公共场合，要遵守公共场合的纪律。

另一方面，我们要教育孩子从小学会约束自己的行为，服从一定的规则、要求，为将来遵守纪律打下良好的基础。在年龄小的时候，他可能还不理解什么是"纪律"，我们可以根据他的年龄特点，适当地给他立规矩，让他知道什么事情可以做，什么事情不可以做。不过，我们不要一下子给孩子立太多规矩，否则他会记不住，会影响他的身心健康发展，甚至会让他变成一个"木头人"。

13 我没考好！
——孩子学习效率低，学习成绩差

学习是一个人的感觉器官接受外界信息，然后用大脑处理这些信息，最后把处理的结果反映到外部的过程。有人把学习的过程形容为"注意力＋记忆力＋观察力＋自信力＋思考力＋理解力＋表达力"，而孩子的学习成绩会受到这7种学习能力的影响。

在生活中，经常听到一些妈妈无奈地抱怨：

> 我家孩子学习很刻苦，每天写完作业，还会做一些课外练习，几乎很少出去玩，但学习成绩就是上不去。
> 我家孩子记忆力特别好，那些英语单词、数学公式、好词好句好段都能很快背诵下来，可学习成绩还是老样子。

很多妈妈认为，孩子学习时间长、记忆力好，就能提高学习成绩，却忽略了一个很重要的因素，他在学习过程中能否集中注意力。更有甚者，认为注意力不集中只是小毛病，不会影响孩子的学习成绩。殊不知，注意力欠佳正是导致很多孩子学习成绩差的重要原因之一。

孩子的大脑要通过注意力去摄取外界的信息，如果他无法集中注意力，就不可能摄取足够的学习信息；在大脑处理这些学习信息的时候，如果孩子无法集中注意力，自然就会影响学习效率，进而影响学习成绩。

一位妈妈这样说：

> 我儿子9岁了，上课注意力没办法集中，总是爱开小差，人虽然在教室，心却早就不知飞到哪里去了。他跟不上老师的思路，听不懂老师讲的内容，学习效率低，学习成绩也是一塌糊涂。
>
> 我儿子写作业的时候，总爱一边吃零食一边学习，思考问题的时候，他就会玩橡皮，或者将笔在手指上转来转去。结果，他的大脑同时出现了几个兴奋点，它们互相打扰，造成注意力分散，学习效率大打折扣。
>
> 我并不要求儿子一定要考个好成绩，但我认为，如果孩子不养成良好的学习习惯，学习时无法集中注意力，不仅会影响他目前的学习，更会给他未来的学业、事业带来负面影响。

这位妈妈的担心不无道理。试想，当孩子走向工作岗位之后，如果他无法把全部精力都投入到工作上，那么无论他怎么努力，都不会有好的收获。因此，要想提高孩子的学习效率和学习成绩，就要改善孩子注意力不集中的问题。

引导孩子明白注意力与学习间的关系

首先，要让孩子认识到成绩的真正意义：成绩是对学习情况的检验，所以不能单纯地只看分数是多少，更要看到分数背后反映出来的问题。

其次，帮助孩子分析学习效率低、成绩不好的原因，从中引出注意力与学习之间的关系，让他认识到注意力是影响学习效率高低、成绩好坏的重要原因之一。

最后，提醒孩子从改善自己注意力不集中的问题下手，慢慢提高学习效率和成绩。可以这样对孩子说："既然知道了注意力对学习效率和成绩的重要影响，就要时刻提醒自己'学习的时候，一定要集中注意力，要专心'。妈妈相信，你只要能集中注意力去学习，一定会获得事半功倍的效果。"

当我们这样去做之后，相信孩子会深刻认识到注意力与学习之间的关系，并下定决心提高注意力的集中程度，使自己更加专注于学习，进而提高自己的学习效率和学习成绩。

如果孩子学习成绩差，应该正确面对

面对学习成绩差的孩子，我们一定不要一味地训斥、打骂，而是要根据他的实际情况，帮助他制定一个合理的学习目标。

一方面，我们要详细了解孩子的学习情况，看看他是否存在偏科现象，看看他的哪些知识点掌握得不牢固、不透彻，然后采取有效的弥补措施，从而使他得到全面发展。比如，我们要让孩子扬长补短，要让他充分发挥学习上的优势，弥补学习上的劣势。

不过，孩子在弥补学习上的劣势时，一定要注意两点：时间上要循序渐进，不要一上来就投入大量时间，否则会使孩子厌倦感倍增；做题要从简单的入手，不要一开始就做难题，否则会打击积极性、摧毁自信心。

另一方面，要根据孩子的学习情况，给他树立一个合理的目标。比如，期中考试孩子考了班级第23名，如果我们要求他一下子提升至班级第15名，显然是不切实际的，并且很容易给他带来心理负担和压力，那么我们不妨让他"只追前一名"，可以这样对他说："如果你每次考试都能超过前一名同学，那你就非常了不起了。"

"只追前一名"，看似一句简单的话，却蕴含着深刻的道理。因为，"追"体现的是一种积极向上的精神状态，"只追"体现的是凡事都要集中精力、专心致志，"前一名"体现的是实现远大目标的阶段性目标。

事实上，当孩子把"只追前一名"的理念用到了学习上，他就会把全部精力投入到学习中，而获得的结果很可能不止提升一个名次，而是会提升好几个名次。

14 我真的不行啊！
—— 孩子自信心不足，经常很自卑

对于孩子而言，自信心是非常重要的。自信心是孩子前进的动力和成功的基石。一个自信的孩子会对未来充满希望和憧憬，并相信自己有能力实现人生目标。

然而，很多注意力不集中的孩子，由于无法把事情做好，无法在学习上取得良好的成绩，或者是经常遭受周围人的批评或挖苦，渐渐变得自卑。自卑感强的孩子总会担心自己做不好，他在学习或做事时往往难以集中注意力，或者是只能短时间集中注意力。结果，孩子就陷入了注意力不集中——自卑——注意力不集中的恶性循环。

有个8岁的女孩，性格比较内向。她上课经常走神，注意力不集中，跟不上老师的思路，不仅降低了听课效率，还严重影响了学习成绩。为此，她变得非常自卑，总觉得自己什么都

> 不如别人。
>
> 　　有一次，妈妈带她去商场买东西，希望她可以尝试着与售货员交流，主动询问商品的具体情况。但是，她却一直推三阻四："我不行！"任凭妈妈怎么劝说、鼓励，她都不肯与售货员交流。

　　女孩的注意力无法集中，导致学习成绩不理想，从而变得自卑。而女孩之所以不敢主动向售货员询问商品的具体情况，并一再强调"我不行"，就是因为挥之不去的自卑心理在作祟。

　　孩子的自信心不是与生俱来的，而是在后天的生活实践和学习中逐渐培养起来的。那么，具体要如何去做呢？

不给孩子负面暗示，多给正面暗示

　　面对注意力不集中或自卑的孩子，很多妈妈都会在不经意间给他负面暗示，或是对他说"又走神""怎么就不能专心一点呢"，或是当着他的面跟他人说"我们家孩子上课无法集中注意力""我们家孩子做什么事都不专心"。结果，孩子就会认为自己"爱走神""无法集中注意力""不专心"，这非常不利于自信心的培养。

　　所以，要多给孩子正面的语言暗示，比如，"你一定可以把全部注意力都投入到学习上""妈妈相信你会专心做事的"。听到这样的话，孩子就会形成一种良好的自我感觉，慢慢建立起自信。

　　在给孩子正面暗示的时候，一定要注意三点：其一，语言要明确，不要含糊不清；其二，语言要精练，不要太啰嗦；其三，要从肯定、积极的角度讲。

此外，还可以对孩子进行非语言的心理暗示，比如，给他一个拥抱，给他一个微笑，给他一个肯定、鼓励的眼神，拍拍他的肩膀，等等。有时候，这些非语言的心理暗示更能起到"此处无声胜有声"的效果。

引导孩子相信自己具备提高注意力的能力

很多孩子自信心不足，认为自己不具备提高注意力的能力。照这样发展下去，孩子势必会产生"破罐子破摔"的心理，越来越自卑，越来越无法集中注意力。

对此，我们要告诉孩子：无论一个人现在的状况是什么样的，都是可以改变的，只要他能相信自己，能下定决心去改变，并不受负面情绪的干扰，就一定可以改变现状。你只要相信自己具备提高注意力的能力，就一定能激发出自身的潜能，再通过一些有效的训练，就能提高自己的注意力。

让孩子通过努力体验成功的喜悦

自信是一个人走向成功的基石，也是在一次次达到既定目标，感受到成功的喜悦后获得的。科学研究表明，每一次成功之后，人的大脑便会有一种刻划的痕迹——动作模式的电路纹。当人重新回忆起往日成功的动作模式时，就会重新获得那种成功的喜悦，会变得越来越自信。因此，我们要想办法让孩子通过努力体验成功的喜悦。

一位妈妈曾跟我提到这样一件事：

> 我儿子上二年级了，由于上课老走神、爱做小动作，老师经常在课堂上点他名字或批评他。久而久之，他觉得自己在同学面前抬不起头，越来越自卑。
>
> 经过观察我发现，儿子的注意力只能维持15分钟。于是，我每天都会给他制定切实可行的目标。一开始，我只要求他集中注意力15分钟，只要他能坚持15分钟，我就会给予他鼓励和表扬，这让他在一定程度上体会到了成功的喜悦。后来，我开始一点点延长时间，从15分钟延长到20分钟、25分钟、30分钟。慢慢地，儿子不仅提高了注意力，还建立了自信心。

这不失为一个好办法。我们不妨借鉴这位妈妈的做法，通过给孩子制定"蹦一蹦够得着"的目标，让他体验成功的喜悦，进而建立起自信心。

当孩子拥有一个具体而切实可行的训练目标之后，他就会高度集中注意力去实现目标；当他通过自己的努力实现了目标之后，他就会产生成就感和喜悦感，就会感受到自己的能力和潜能，从而充满自信地向着更高的目标努力。

15 我理不清呢！
——孩子思维迟钝，跟不上别人思路

孩子是否有良好的注意品质，将会直接影响思维、记忆、想象等能力的发展。有关研究表明，人的思维速度比说话速度快3~9倍。通俗地说，当孩子在听老师讲课或周围人说话的时候，他的思考活动经常会处于等待状态，如果他此时把注意力转移到其他地方，去想其他事情或思考其他问题，那他听到的内容就是断断续续的，很可能就会跟不上老师或他人的思路。

有位妈妈曾讲过这样一件事：

> 有一天，儿子在写数学作业的时候遇到了一道难题，想了半天也没能理出思路，就来问我："妈妈，这个地方我不懂，您能给我讲一讲吗？"
>
> "这么重要的知识点，老师没有讲吗？"

"讲了，我没听懂。"

我知道，儿子没听懂一定是有原因的，就问："为什么没听懂呢？是你没理解老师讲的内容吗？"

"也不是，我走神了，就没跟上老师的思路，等我回过神来，老师已经讲完了。"

我说："你看，你现在还得利用课下的时间去补，是不是有点得不偿失啊？"

"是啊！我下次一定专心听课，紧跟老师的思路。"

很多妈妈可能都遇到过类似的问题，孩子因上课注意力不集中而没能跟上老师的思路，导致没听懂知识点。面对这种情况，除了让孩子认识到因注意力不集中而没能跟上别人的思路的危害之外，还要做些什么呢？

教孩子认识他要准备做的事情的重要性

孩子做事前，要引导他认识其重要性。比如，孩子准备上课，他就可以对自己说"这堂课的内容很重要，一定要注意听，要跟上老师的思路"；孩子准备与他人交流，他就可以对自己说"这是一次向对方学习的大好机会，我一定要把握好，要跟上对方的思路"……

当孩子认为自己准备做的事情是如此重要时，他就会把所有的注意力都集中到这件事情上，自然会思维灵敏，会跟上他人的思路。

🛩 引导孩子战胜分散注意力的各种干扰因素

要告诉孩子，一旦发现自己因注意力不集中而跟不上别人思路，就要立即借助个人意志的力量，战胜分散注意力的各种干扰因素，有意识地控制自己的注意力，进而使自己紧跟别人的思路。

比如，发现自己因玩橡皮而没跟上老师讲课的思路，就要马上把橡皮收起来，把思路拉回来。一开始的时候，孩子做起来可能会有些困难，只要养成了习惯，他就会形成一种条件反射，只要发现自己的注意力分散了，就会马上把注意力收回来。

🛩 让孩子善于转移和分配注意力

前面讲到了，人的思维速度要比说话速度快好多倍，那么孩子的思维活动就会常常处于等待状态，这时候，他很可能被周围的其他事物所吸引。对此，不妨引导孩子转移和分配注意力，使他把全部注意力都集中在一件事情上，进而让他跟上对方的思路。

比如，要教孩子学会"一边听一边思考"。因为当孩子一边听一边思考的时候，他的大脑就会处于兴奋状态，他的注意力就能集中在正在做的事情上，他的思路才能与对方保持一致。

就拿孩子的学习来说吧，我们要引导孩子在听课时多思考几个"为什么"。当老师讲到一个新概念的时候，孩子就要思考一下，它是怎样推导出来的呢？它的适用范围是什么呢？当其他同学回答问题的时候，孩子就要思考一下，同学为什么要这样解答呢？还有没有其他的解题思路和方法呢？

不过，也要提醒孩子，不能只顾着自己思考而脱离对方的思路，而是要使自己的思路与对方的思路保持一致，在空当时间思考问题，如果时间来不及了，就可以先简单地标记一下疑问，等到做完这件事情之后再去深入思考。

  总之，无论孩子正在做什么，我们都要引导他善用各个感觉器官。也就是说，孩子要根据实际情况转移注意力，或者是合理分配注意力，使自己更好地集中注意力，进而使自己的思路跟上别人的思路。

第三章

Chapter3

不能聚心一处，为什么呢？

——孩子注意力不集中的原因

孩子总是不能聚心一处，这到底是为什么呢？事实上，导致孩子注意力不集中的原因是多方面的。要想改善孩子注意力不集中的问题，首先要找到他注意力不集中背后的真正原因，然后再根据实际情况采取有针对性的措施和具体的训练方案。

16 生理？病理？环境？
——注意力不集中的三大主因

先来看一位妈妈的讲述吧。

> 我儿子上四年级了，学习成绩一直不理想，老师经常向我反映，他不是脑子笨，而是无法把注意力集中在学习上。比如，在上课的时候，他爱做小动作，周围有一点动静，他就会东张西望，看看到底发生了什么事情。
>
> 其实，儿子在家写作业的时候也会出现类似的问题，比如，他会边写边玩，甚至边写边吃；要是家里来了客人，或者是我和先生的声音稍微大一点，他就会第一时间跑出来，看看发生了什么事情。
>
> 我用了很多办法提高儿子的注意力，比如，陪他一起玩训

> 练注意力的游戏；规定他在一定时间内完成某项任务……但就是不见效果，难道是我用的方法不科学吗？孩子到底为什么不能集中注意力呢？

很多妈妈可能都有这位妈妈的苦恼，虽然用了很多提高注意力的方法，但就是无法从根本上提高孩子的注意力。之所以会这样，很可能是我们没有找到孩子注意力不集中的原因。

教育孩子，就如同给孩子看病，只有知道孩子哪里生病了，为什么会生病，才能对症下药，使他恢复健康。如果只知道孩子哪里生病了，却不知道他生病的原因，只是一味地"乱投医"，甚至让他随便"吃药"，很可能不但不能治愈，反而会加重病情。

要想尽早改变孩子注意力不集中的情况，就要清楚地了解注意力不能集中的原因。总的来说，孩子注意力不集中有以下三大主因。

生理原因

孩子大脑发育不完善，神经系统和大脑微功能的发展不平衡，就会出现注意力不集中。心理实验研究显示：孩子注意力集中的程度与年龄成正比。如果孩子的注意力可以维持在特定的范围之内，就属于正常现象，我们不必担心，他的注意力会随着年龄的增长而逐步提高；反之，则认为孩子注意力不集中。对于这样的孩子，我们要根据他的年龄和生理特点，采用恰当的方法。随着年龄的增长，大部分孩子都能做到注意力集中。

此外，孩子的饮食和睡眠情况，比如，不吃早餐，挑食、偏食，每餐吃得过饱，睡眠质量不佳，多梦、失眠，爱熬夜，起床晚，等等，都会直接影响他的注意力。像这样生理上的因素，我们只要帮助孩子养成良好的饮食习惯和睡眠习惯就可以了。对于这部分内容，在后面的章节将会详细讲述。

病理原因

一般来说，如果孩子有多动症，就会导致注意力不集中。所谓多动症，是一种以注意力缺陷和活动过度为主要特征的行为障碍，会造成孩子注意力涣散和活动过度。

从内因上来讲，这很可能是与孩子脑部受损有关。孩子的脑部之所以会受损，可能是在妈妈腹中的时候，母体出现过宫内感染、缺氧等；可能是与早产有关；也可能是在生产的时候脑部受到了挤压。

一些研究专家用大脑分析图观察多动症的孩子，发现他们大脑的某些部位对刺激的反应较弱；他们的大脑确实出现了一些与众不同的变化，而这些变化的区域是与记忆、注意力分散问题有关的脑区。

从外因上来讲，父母关系不好、孩子学习压力过大，都会减弱脑的调节功能，促使多动症的发生和持续，导致注意力不集中。

对于孩子注意力不集中的病理原因，我们不要想当然或一意孤行，而是要在专科医生或专业人士的指导下，根据具体症状采取科学合理的治疗方法，慢慢帮助他改善注意力不集中及多动症的问题。

环境原因

孩子很容易受到周围环境的影响，出现注意力不集中的现象。

比如，孩子的注意力很容易被新鲜、多变的刺激物所吸引。针对这种情况，我们不要把周围环境布置得过于繁杂、鲜艳，而是要布置得整洁、美观、简单，防止多余的刺激物导致孩子注意力分散。

又如，孩子的玩具太多，就容易让他眼花缭乱，无从下手，注意力持续的时间也会缩短。我们不要一下子给孩子太多玩具，而是先让他专心地玩一两个，等他玩腻的时候，再给他拿新鲜的玩具。玩具的选择，应该是颜色鲜艳、形象生动的，这样容易激发孩子的兴趣，有助于集中他的注意力。

再比如，孩子的学习环境混乱、嘈杂、干扰过多，也会影响孩子的注意力。所以，我们要给孩子创造一个安静、舒适的学习环境，不在家里打麻将、唱卡拉OK，不要把电视、电脑的声音开得太大，不要当着孩子的面争吵，不要以关心他的名义去打扰、分散他的注意力。关于这部分的具体内容，将在后面章节做详细讲述。

一般来说，以上三种原因中，环境原因较为常见，我们要在这方面多下点功夫，不断改进，给孩子创造一个有助于集中注意力的好环境。病理原因最为少见，生理原因居于病理原因和环境原因之间。

17 就想引起他人关注！
——注意力不集中的心理原因

上课爱走神，常常东张西望，爱做小动作；写作业拖拉，常常边写边玩；做事三心二意，常常被周围的声音或事物所吸引……造成孩子种种表现的原因可以归结为孩子的"注意力差"，而这将对他的学习和生活造成很大的负面影响。

心理学研究表明：人的注意力是很难长时间集中的，尤其是年龄小的孩子，走神是正常的心理现象。

不过，有时候孩子之所以无法集中注意力，是他的心理在作祟。也就是说，孩子注意力不集中也有心理方面的原因。

一般来说，孩子注意力不集中的心理原因可以分为以下几种情况。

为了引起他人的关注

> 一位妈妈工作很忙,很少与儿子交流。儿子为了引起妈妈的关注,无论在什么场合,他都会动个不停,无法安静下来,会漫无目的地乱跑乱动;会一边吃饭一边玩玩具;一边做事一边观察妈妈的行动,发现妈妈起身做其他事情,他就会跟过去,一探究竟……
>
> 妈妈经常因为儿子无法集中注意力而批评他,而他每次都特别得意,因为妈妈"上钩"了,他的目的达到了。之后,他经常以这种方式引起妈妈的关注。

这个男孩之所以无法集中注意力,是因为他想通过这种方式引起妈妈的关注。当男孩发现这种方式很有效时,他就"不遗余力"地运用这种方式来达到自己的目的。如此一来,他的注意力更无法集中了。

事实上,喜欢得到他人的关注,是孩子自我意识发展到一定阶段的必然反应。如果孩子常受人冷落,或者是妈妈很少关注他,他为了引人关注,让周围人关心自己,就会有意地以种种注意力无法集中的行为来达到目的。

对于这种情况,一方面,我们要多关注孩子的心理需求,在平日里多关心他,多陪在他身边,与他一起聊天、玩游戏等,只要他的需求得到了满足,他的这种表现就会减弱;另一方面,我们不要过多关注孩子注意力不集中时的表现,而是引导他认识到拥有好的行为,才能真正获得他人的关注。同时,我们也要及时肯定和鼓励孩子专心学习和做事的表现。

有完美主义的倾向

一位妈妈曾这样说：

> 我的女儿是一个完美主义者，凡事都要做到最好。我一开始觉得她做事尽善尽美是件好事，但是现在负面影响却显现出来了。
>
> 就拿写作业来说吧，她写作业很认真，不允许字写得歪歪扭扭，更不允许有错别字，如果写得不好或写错了字，她就会用橡皮拼命地擦，一定要擦得看不出来才行，如果能看出印迹，她就会把整页纸都撕掉。然而，当她越想做到最好时，就越容易出错，最终结果就是反而无法把注意力集中在作业上。我认为，这就是她太追求完美导致的。

很多孩子可能都像这个女孩一样，具有完美主义的倾向。当他们表现出色时，自我感觉就好；当他们犯错时，情绪就会低落，进而影响他做事或学习时的专注力。

对此，我们首先不要追求尽善尽美，给孩子定的标准不要太高、太完美，更不要一味地批评他做得不完美的地方，而是让他客观地看待自己的优缺点；帮助孩子重新树立评价自己的标准，教他学会肯定自己、欣赏自己、激励自己。

过分关注自己的注意力

有些孩子的注意力本身没什么障碍，但是他们却常常要求自己能把全部精力都投入到学习或做事中，只要发现自己注意力不集中了，就会马上提醒自己要集中注意力。当孩子一味地纠缠于此时，反而更不能集中注意力，最终陷入恶性循环。

针对这种情况，要告诉孩子：在注意力方面，大家的情况都差不多，随着年龄的增长，注意力集中的时间也会延长，所以不必过分关注自己的注意力，而是采用一种顺其自然的态度，或是提醒自己"先休息一下，等一会儿再专心做事或学习"，或是带着这种注意力不太集中的感觉，该做什么就做什么，只要尽力去做就行了。事实上，当孩子真正这样去做的时候，注意力反而更容易集中。

太在意别人对自己的看法

还有一位妈妈这样讲道：

> 每当我陪女儿上英语辅导班的时候，我都会坐在教室的后面听课，我发现女儿总是不能集中注意力听课，有时候还会回头看看我。
>
> 这种情况持续了一段时间之后，我问孩子是怎么回事。原来，她是太在意我对她的看法了，所以就会回头看看我的态度，观察我是否满意她的表现。

这种情况的确存在。有的孩子很在意妈妈、老师或其他长辈对自己的看法，所以经常是一边写作业或做事一边抬头看看他们是否流露出满意的神色。如果是，孩子就会非常高兴；如果不是，孩子就会很失望，并开始担心自己是否哪里做错了，注意力自然也就无法集中在某件事情上了。

　　所以，我们要先调整孩子的心态，不要让他太在意别人对自己的看法，而是提醒他"只要尽心尽力做好自己该做的一切，这就足够了"。我们也可以引导孩子明白太在意别人对自己看法的不良后果，比如，因太在意而无法集中注意力，自然就不会把该做的事情做好，那别人对他的看法自然就不会那么满意。当孩子明白了这些之后，相信他就会调整自己的心态，安心做自己的事情。

18 父母也有问题！
——对孩子的教育方式不恰当

所有妈妈都希望孩子能够集中精力去学习或做事，但往往事与愿违。孩子常常表现出心不在焉、三心二意的样子，无法把全部注意力集中在一件事情上。

对于孩子的这种情况，很多妈妈都觉得这是孩子不听话、不懂事，甚至认为这是他的性格使然，于是便一味地责备、抱怨他不能专心学习或做事。殊不知，很多时候，孩子之所以不能集中注意力做一件事情，很大一部分原因是我们在旁边"捣乱"，是我们对孩子的教育方式不恰当导致的。

我们也许可以从以下几个方面找到问题的症结所在。

经常批评、否定孩子

一位妈妈对儿子的要求很高，每当他在做事的时候，妈妈

> 都会在一旁看着，只要看到他做错了，妈妈就会一顿批评，甚至说"这么一点儿小事都做不好，真是废物"。结果，孩子产生了"反正自己什么都做不好，那就当个废物得了"的想法，做事也就不那么专注了。

经常批评、否定孩子，会打击他的自信心和自尊心，可能会导致他出现自卑、自暴自弃的倾向，不肯专心做事；也可能会导致他出现恐惧的心理，一边做事，一边害怕因为自己的一点小失误而遭到妈妈的批评，从而无法把全部注意力都集中在所做的事情上。

在孩子教育的问题上，一定要慎重，尽量少说否定的话，多说肯定的话。当然，这并不代表我们不能批评孩子，而是要掌握好批评孩子的艺术，比如，不要全盘否定他，而是要批评他的行为；不要长篇大论地批评他，而是要简明扼要地说；不要在众人面前批评他，最好在私下进行，等等。如此一来，孩子更容易从心底里接受我们的教育，不会因此而分散注意力。

过度关注、宠爱孩子

面对家里的"独苗苗"，全家人都像众星捧月般关注着孩子、宠爱着孩子。孩子很容易变得自我、随心所欲、为所欲为，缺乏忍耐力、克制力，难以静下心来做事情。

当对孩子的关注度太高时，将会直接导致这样的后果：孩子原本正在专心地玩玩具，妈妈叮嘱他专心，爸爸在一旁指导他玩，爷爷拿另一个玩具逗他，奶奶在一边叮嘱他要注意安全……试想，孩子的注意力还会集中在玩玩具上吗？恐怕连我们成人都很难做到，更何况一个孩子呢？

另外，由于全家人对孩子宠爱有加，原本他应该做的事情都被家人代劳了，久而久之，他就会养成依赖心理，只要一遇到难题，就会向家人求助，自然也就无法把精力都集中在一件事情上了。

要明白，我们不能照顾孩子一辈子，他终究要离开我们的庇护，独自去面对生活。因此，要给予孩子理智的爱，要以一颗平常心看待孩子的表现，即使表现不好，也不要过于心急，而是要给他成长的空间和时间；即使表现好，也不要过多地关注他，而是给予适度的肯定，并鼓励他继续前进。

对孩子的教育方式不一致

小到穿衣吃饭，大到考试求学，父母对孩子的教育问题难免会有冲突，而当父母用不一致的方式教育他时，不仅会破坏父母在他面前的权威性，还会让他无所适从，进而无法专心于一件事情。

夫妻间要经常在一起交流有关教育孩子的问题，首先把孩子存在的问题罗列出来，然后谈谈自己的看法，最后统一认识。即使夫妻之间的意见不一致，也不要当着孩子的面批评对方，而是先让彼此的情绪恢复平静，然后私下交换想法，争取统一认识。

给孩子的刺激太多

孩子的注意力分配能力是非常有限的，如果给他过多的刺激，势必会分散他的注意力。我们可以从两方面来看这个问题：语言上的刺激和物质上的刺激。

很多妈妈都爱唠叨，比如，要交代孩子做一件事，总会反复说好几遍，就怕他记不住；孩子正在做某件事情，就会在一旁不停地提醒、指导他。这样做很容易导致孩子无法集中注意力。正确的做法是，在交代孩子时，只简明扼要地说一遍，这正是培养他注意力的好时机；在孩子做事的时候，我们不要在一旁"站岗盯梢"，而是让他自己去摸索。

很多妈妈认为玩具越多越好，课外书越多越好，孩子想玩哪个就玩哪个，想看哪本就看哪本。殊不知，外在的刺激太多，反而使孩子眼花缭乱，无法安心地玩一个玩具、看一本书。我们一次最好只给孩子一两个玩具、一本书，等孩子玩腻了、看完了，再给他换新的。

19 我不愿意学习!
——孩子贪玩,对学习没有兴趣

很多妈妈都有这样的体会:孩子看动画片、玩游戏的时候,非常专注,甚至纹丝不动,叫好几遍他才回过神来;孩子在学习的时候,总是东张西望,一件小事都会轻易转移他的注意力。为什么会这样呢?

从这个对比中，我们可以得出结论：孩子在做自己感兴趣的事情时，他的注意力就会更集中、更稳定、更持久。可见，兴趣是产生和保持注意力的主要条件，孩子的注意力在一定程度上直接受其兴趣的影响和控制。

> 美籍华裔物理学家丁肇中曾发现一种新的基本粒子，并以拉丁字母"J"将这种新粒子命名为"J粒子"，因此获得1976年诺贝尔物理学奖。
>
> 有一次，丁肇中在接受记者采访时被问到这样一个问题："你如此刻苦读书，难道不觉得很苦很累吗？"
>
> "不，不，不，一点儿也不，正相反，我觉得很快活。因为有兴趣，我急于要探索物质世界的奥秘；因为有兴趣，我可以两天两夜，甚至三天三夜待在实验室里，守在仪器旁，我急切地希望发现我要探索的东西。"丁肇中回答道。

丁肇中之所以能够取得成功，之所以急于探索物质世界的奥秘，之所以能够长时间待在实验室里，是因为他对自己所从事的事业有着浓厚的兴趣。可以说，是兴趣推动着丁肇中把注意力集中在探索世界的奥秘上，推动着他一步步取得了成功。

因此，要想让孩子把注意力集中在学习上，就应该想办法培养他的学习兴趣。孩子只有对学习产生了兴趣，才会把心理活动都指向或集中在学习上，才会保持较高的注意力。而且，孩子对学习的兴趣越浓厚，其稳定、集中的注意力就越容易形成。

让孩子感觉学习是一件快乐的事

儒家经典《论语》开篇第一句便说："学而时习之，不亦说乎？"意思是，学习知识并做到学以致用、不断实践，岂不是很快乐吗？然而，很多孩子不但感受不到学习的快乐，反而觉得学习是一件苦差事，自然也不会把注意力都集中在学习上。

那么，我们就要想办法让孩子感受到学习是一件快乐的事。比如，不要强迫孩子学习，不要过多地向他强调分数、升学等问题，而是让他把学习当成自己的事情，让他自己去安排学习的事情；给孩子营造快乐、轻松的学习气氛，可以与他一起学习，也可以让他在玩中学习；鼓励孩子把学到的知识应用到实际生活中，让他在实践中体验到喜悦感、成就感。如此孩子才会更容易感受到学习的快乐。

为孩子制造对学习的"空腹感"

孩子只有在饥饿的状态下，才会吃得下饭，才会吃得香。同样的道理，孩子只有对学习有一种"空腹感"，才会努力去获取新知识。然而，很多孩子整日忙碌于学习，经常奔波于各种兴趣班、补习班，就如同我们在"饱腹状态"下，对任何丰盛的美食都不会产生食欲一样，很难享受到学习的快乐。

所以，要有意识地为孩子制造对学习的"空腹感"。比如，我们可以向孩子提出一些问题，当他现有的知识无法解答这些问题时，他就会产生努力学习的念头，就会通过查找资料或实践得出答案；可以适时适量地给孩子增加新鲜的学习内容，让他保持对学习的"热度"……孩子一旦对学习产生了"空腹感"，自然就会主动自觉地学习了。

借助游戏培养孩子的学习兴趣

大部分孩子都喜欢玩游戏,把游戏与学习巧妙地结合在一起,会让他在收获知识的同时获得快乐和成就感。所以,可以借助游戏的方式,培养孩子的学习兴趣。

比如,可以和孩子玩过家家的游戏,开一些小商店,让他在买卖的过程中认识各种水果、蔬菜,熟练掌握加、减、乘、除的基本方法;可以和孩子一起玩词语接龙或成语接龙的游戏,扩充他的词汇量;也可以带孩子去植物园、动物园或走进大自然,在玩耍中引导他认识自然界,增加他的生活常识,激发他的学习兴趣。

引导孩子把原有的兴趣转移到学习上

每个孩子都有自己特别感兴趣的事情,比如,爱搭积木、爱玩汽车模型、爱拆装玩具,等等。我们首先要尊重孩子的兴趣,并参与其中,以实际行动支持他;然后要因势利导,引导他把原有的兴趣转移到学习上。

比如,孩子喜欢玩汽车模型,我们就要在保证他学习的情况下,允许他发展自己的兴趣,并给他买一些汽车模型和有关的书籍,带他去观看车展。然后,我们要询问他有关汽车的问题,并用巧妙的语言引导他明白"只有认真学习,才能让自己的爱好得到永久发展"的道理。只要我们引导恰当,孩子将会把自己的兴趣转移到学习上,激发学习的兴趣。

20 我压力好大！
——学习压力过大导致注意力难集中

每个人都有压力，孩子也不例外。一般来说，孩子的压力一方面源于自身，比如，当孩子渴望做好某件事情却无法做好时，他就会产生失落感、挫败感，进而产生压力；另一方面源于外界，比如，当孩子的学习达不到父母的要求或期望，他就会产生压力。

如果孩子的学习压力过大，他就会出现心情压抑、焦虑不安、情绪低落等心理上的问题，以及睡眠不好、吃不下饭等生理上的问题，而这些问题都会直接导致他的注意力不集中、精神涣散。

一位妈妈经常向女儿灌输学习的重要性，对她的学习要求非常严格。比如，妈妈要求她在写作业的时候必须专注，不能有一点差错，要求她必须一字不差且不能有任何停顿地背诵课文，如果出现了差错或停顿，妈妈就会很严厉地批评她。

> 然而，女儿越是想专注写作业，越是想一字不差且没有任何停顿地背诵课文，就越是出错。久而久之，她的学习压力特别大，思想包袱很重，唯恐自己做错了一点而受到妈妈的批评。也正是因为她的内心太恐惧了，常常无法安下心来学习。

这个女孩的压力来自妈妈，而压力过大又导致她无法把注意力集中在学习上。如此下去，女孩就会陷入恶性循环。

对于孩子而言，妈妈应该是他最重要、最值得信任的人，所以，不仅不要给孩子施加太大压力，不要给他过高期望，还要帮助他缓解学习压力，让他能够专心学习、做事，拥有一个健康的身心。

降低对孩子的期望和要求

几乎所有妈妈都抱着望子成龙、盼女成凤的愿望，希望孩子将来有出息、有前途。于是，很多妈妈就会给孩子过高的期望、苛刻的要求，这就在无形中给他带来了心理负担和压力，阻碍他注意力的培养和提高。因此，要客观地认识孩子的能力和水平，从他的实际情况出发，降低对他的期望和要求。

要充分接纳孩子的现状，客观地看待他的优缺点，肯定和鼓励他的点滴进步，允许他在某些方面有小小的"瑕疵"，引导和帮助他建立积极的心态，使他能够专心致志地学习。

我们对孩子的期望和要求要在他的能力范围之内，比如，孩子的注意力只能维持20分钟，我们就不能期望和要求他一下子提升至

40分钟，而是采取循序渐进的方式，让他一点点地延长注意力集中的时间。

教给孩子正确疏导压力的方法

即使我们不给孩子施加压力，他也会感受到来自其他方面的压力。对此，我们要经常与孩子沟通，鼓励他把压抑在内心的事情统统说出来，让他知道，压力人人都会有，重要的是学会正确疏解压力。我们也可以把自己面临压力的经验分享给孩子，告诉他我们面临着什么压力、又是如何排解压力的，以此来增强他的勇气和信心。

还要教给孩子正确疏解压力的方法。比如，最好先让孩子暂时离开产生压力的情景，做一些自己感兴趣的事情，以此来转移注意力；把压力写在一张纸上，然后把它扔掉或烧掉；进行户外活动，或者是大哭一场，以此来释放压抑在内心的苦闷……只要孩子学会了这些方法，就能真正疏解自己的压力，以更好的状态投入到生活和学习中。

教孩子做一些放松身心的训练

在繁重的学习压力下，我们要让孩子学会放松身心，感受心情的舒畅和内心的宁静。如此一来，孩子才能逐步淡化学习压力，才能把注意力都集中在学习上，从而取得事半功倍的学习效果。

对此，可以教孩子做一些放松身心的训练。

比如，呼吸放松法。第一步，告诉自己安静下来；第二步，闭上眼睛，保持静坐；第三步，把自己的肺部想象成一个气球，首先用鼻子长长地吸入一口气，让气球充满气，然后屏住呼吸，最后用嘴巴呼气，把气球里的气放空。重复以上步骤，直到自己感到身心放松为止。

再比如，音乐放松法。舒缓、优美、安静的音乐，就犹如一股清泉涌入心田，可以让孩子的心情豁然开朗，让他的身心得到最大的放松。当孩子感觉到有压力，或者要做一件具有挑战性的事情时，不妨先进行"音乐休息"，即花几分钟的时间听一段音乐。切记，音乐的选择一定要慎重，不要听令人心思迷乱或节奏感过强的音乐。

给孩子适度的学习压力

当孩子完全没有学习压力时，他可能会变得不思进取；当孩子的学习压力过大时，他有可能会因无法承受而出现种种问题。只有适当的学习压力，才能激励孩子奋进向上。

因此，我们要给孩子适度的学习压力，使他把压力转化为前进的动力。比如，孩子目前的成绩是班级第15名，如果让他保持这个名次，他就不会有压力，自然也不会有动力，那我们不妨根据他的实际水平，给他树立一个目标，如前进一名或两名，并鼓励他挑战自己，从而推动他不断前进。

21 其身正，不令而行！
——没有给孩子做个好榜样

榜样是一种积极向上的力量，孩子的年龄越小，榜样的感染力就越大。家庭是孩子最基本的生活和教育场所，而家长是孩子的启蒙老师和终生老师，我们的一言一行、一举一动，甚至连走路的步态、说话的表情，都会为孩子所效仿。而无数事实也证明，孩子最初的行为习惯都是从父母身上，尤其是妈妈身上学来的。

孩子注意力不集中，是很多妈妈头疼的事情。其实，孩子的这种行为，很可能与我们有密切的关系。

来看这样一则案例：

> 随着女儿慢慢长大，无论是做事，还是学习，她都很难把注意力集中在正在做的事情上。为此，妈妈没少批评她，但是任凭妈妈怎么提醒、批评她，她还是照样三心二意。

有一次，女儿一边写作业一边吃东西，妈妈看到后非常生气，便一把夺过了她正吃的东西，训斥道："以后不许一边写作业一边吃东西！"

女儿的气也不打一处来，便说："你没有资格说我，你自己经常一边看书一边吃东西，为什么我就不可以？"

听到女儿的话，妈妈一下子愣在了那里。

是啊！连我们都做不到的事情，凭什么要求孩子做到呢？

这个女孩之所以会一边写作业一边吃东西，根源在于妈妈。妈妈"教"得不知不觉，而女儿自然也"学"得不知不觉。当我们"教"错的时候，孩子自然也就"学"错了，这是多么可怕的事情啊！

俄国文学家列夫·托尔斯泰曾经说："教育孩子的实质在于教育自己，而自我教育则是父母影响孩子最有力的方法。"正所谓"其身正，不令而行"，即只要我们能做个好榜样，不用要求孩子做到，他也会学着我们的样子行动起来。

因此，要想培养或提高孩子的注意力，就要先从自身做起，时刻给孩子做最好的榜样，从而使教育达到"无为而治"的最佳境界。

通过孩子的言行反观自身

平日里，每当我们看到孩子的注意力无法集中在某件事情上时，都会指责他，甚至会打骂他，却从未把他的言行与我们的言行联系在一起。

美国著名亲子关系专家哈尔·爱德华·朗克尔说："你能为孩子做

的最伟大的事情，就是把焦点放在你自己身上。"也就是说，当孩子的言行出现偏差的时候，我们先不要把焦点放在他身上，更不要急于批评、打骂他，而是先把焦点放在自己身上，通过他的言行反观自身，看看自己身上是否也有类似的问题存在。

事实上，在中国古圣先贤的教诲中，类似的理念早就存在。如孟子在两千多年前就提出了"行有不得，反求诸己"的说法。在孩子的教育方面，也遵循同样的道理，也就是孩子有问题，父母要反省。用一句俗语来解释，即"孩子有病，父母吃药"。

在反观自省后，如果发现自身的问题，那就坚决改正。如果自己身上没有类似的问题，就要寻找孩子注意力无法集中的其他原因，并对症下药；反之，我们就必须改变自己，以良好的言行感染孩子，这样彼此的注意力都能得到提高。

务必要注重"以身示教"的力量

很多妈妈认为，教育孩子就是，当他不懂或不会做的时候，讲给他听、教给他做；当他有缺点、犯错误的时候，教育他、批评他。这些固然重要，也是我们应该去做的，不过，教育却并不仅限于此。

如果我们总是对孩子说要专注在学习上、不要走神，以此来提醒他要集中注意力，这种空洞的说教效果往往微乎其微，甚至还会让他产生逆反心理——你越是让我专注，我就越不专注。

国外权威的儿童教育家经过长期观察，得出了一个非常重要的结论：父母对孩子的影响，行为比言语要重要得多。正如我们经常说的"身教胜于言传""以身示教"。

下面这位妈妈就给我们作出了非常好的榜样，她这样说：

> 自从儿子出生之后,我就非常注重自己的言行举止,每次都会非常专注地做事,做完一件事再去做另一件事。
>
> 随着儿子逐渐长大,他总会缠着我。每当我做事之前,都会这样提醒他:"宝宝,妈妈现在要专心做家务,暂时不要来打扰妈妈,等妈妈做完了,一定好好陪你玩。"
>
> 在我的影响下,儿子做起事情来也非常认真、专注,而他每次做事之前,也会友善地提醒周围的人不要打扰他。
>
> 我想,这就是以身示教的力量吧!

以身示教是一种无声的教育,也是最有效、最有力度的教育,正所谓"无声胜有声"。凡是我们希望孩子做到的,自己先要做到,然后再以这种无声的教育,慢慢影响、感染孩子,促使他起而效法。

想要改变孩子,先要改变自己

改变别人并不容易。实际上,一个人要想改变他人,首先要改变自己。同样的道理,要想纠正孩子注意力不集中的行为习惯,就要从改变自己开始,先改善自己注意力不集中的问题。唯有这样,才能真正改变孩子。

比如,我们和孩子都有一个坏习惯,就是注意力经常会受到周围因素的干扰。对此,我们就要努力克服这一点,即使周围发生了很新奇的事情,也不为所动,还是专心做自己的事。当孩子看到我们这样做的时候,也会受到感染,也就不会轻易受到周围因素的干扰了。

不过,也要视情况而动,如果周围发生了危险的事或其他紧急情况,就要马上放下手中的事,远离危险或去应急。

第四章

Chapter4

这个环境，你喜欢吗？

——给孩子创造利于专注的环境

墨子认为，"人性如素丝，染于苍则苍，染于黄则黄"，说明人的品德和性格会随着所处的环境与接受的教育而变化。瑞典教育家爱伦·凯曾经指出，良好的环境是孩子形成正确思想与优秀人格的基础。他们说的道理是一样的，都是环境之于人的重要影响。若想培养孩子良好的注意力，成为一个专注的人，环境起着非常重要的作用。要为孩子创造一个利于专注的环境，让他的注意力能在环境的熏陶下得到大幅提升。

22 好温馨啊！
——给孩子创造整洁温馨的家庭环境

孩子注意力不集中是很多妈妈的一块心病。尤其是在学习方面，孩子总是开小差、走神，学习成绩也差，这让我们无比苦恼。针对这种情况，我们一直都是从孩子身上找原因，比如，会认为他贪玩，认为他不爱学习。但是，我们有没有从自己的角度去考虑过呢？

> 有个男孩上三年级了，专注力一直很差，上课经常走神，老师几次提醒他却不见改正，于是老师决定家访，和男孩的妈妈好好谈谈。
>
> 老师走进男孩家时，客厅中的电视正大声地"歌唱"，男孩的卧室门也敞开着。为了能更好地说话，老师不得不要求男孩的妈妈将电视声音调小。

老师坐下后仔细一打量，发现这家里似乎到处都有男孩乱丢的玩具，而透过男孩的卧室门看进去，男孩的卧室里也堆满了玩具。就在老师和男孩的妈妈谈话期间，妈妈每听到老师提出男孩的一个问题，就要招呼男孩出来给自己解释为什么会出这样的问题，然后再让他回去继续写作业，有时还会对着卧室大声训斥几句。

最后，老师摇了摇头，对男孩的妈妈说："家庭环境对孩子注意力的影响也很大，我希望您也能注意到这一点。"

男孩的妈妈一脸迷茫，她一直认为，注意力是孩子自己的事，和家庭环境能搭上边吗？

很多妈妈似乎也有类似的疑问。我们总是期待孩子凭借自己的力量"聚集"起注意力，却并没有给他创造一个良好的环境，孩子正处于好奇心强、喜欢探索的年龄，如此热闹的环境不是刚好给他提供了一个无法集中注意力的所在吗？

培养孩子的各种能力与习惯，环境是不可或缺的重要因素，孩子的注意力培养也同样需要有良好的环境作支持。整洁的环境会让孩子的视线不再为书本之外的东西所干扰，他可以认真地去看书思考；温馨的环境也使得孩子不再因为家庭琐事而出现心情波动，他自然也会静下心来，从而专心去做自己的事情。

整洁温馨的家庭环境将带给孩子一种积极向上的家庭情绪主旋律，这时外界对孩子的干扰也会降至最低，他自然就拥有了培养良好注意力的环境基础。所以，我们也要多注意调节自身因素，争取给孩子一个整洁温馨的生活环境。

不要曲解"整洁温馨"的正确含义

有的妈妈一说到要创造整洁温馨的环境，也许就会将家里重新布置一番，或者在家里弄点音乐、摆些鲜花，这样的气氛不可谓不温馨，但是并不利于培养孩子的注意力。

真正对孩子有利的整洁温馨，是一种自然平凡简单的生活状态，就是要让孩子生活没有压力，帮他放松精神，使他有条件去集中注意力。当然，家庭装饰不是不可以有，但不要忽然或者刻意进行装饰，可以在平时生活过程中，一点一点去改变。

做个勤快妈妈，创造干净的生活空间

这里的"干净"包括两个意思，其一是要保持家庭环境卫生的干净，其二就是要保证一应物品摆放整齐有序。

首先要做好家庭环境卫生，及时清理生活垃圾，否则一个小废纸片也许就会将孩子的注意力吸引开。而且，假如生活环境经常垃圾遍地，也容易滋生细菌，会影响孩子的身体健康，孩子如果生了病，就更无法好好地集中注意力做事情了。

整理物品时，要有条理。有的妈妈也许会准备一个大箱子，将所有东西一股脑地都扔进去，虽然房间暂时是干净无杂物了，但日后如果要再寻找某样东西，可能又要将箱子倒空来寻找，原本整齐的屋子就又乱了。

所以，我们要将东西分门别类地收好或摆放好，比如，孩子的玩具要统一收到同一个地方，家庭日常用品也要各归各位，摆放在合适的地方。

努力使全家人和谐相处，营造温馨氛围

> 妈妈最近与爸爸发生了一些矛盾，一连好几天她的心情都很糟糕。不仅和爸爸冷眼相对，还经常拿儿子当出气筒。儿子每天回家都要格外注意自己的行为，还要看着爸爸妈妈的脸色，由于总想着这些事，他根本无法专心学习。

孩子都是敏感的，当我们的情绪发生变化时，孩子总会立刻察觉到。一旦我们如这位妈妈一样，将情绪发泄在孩子身上，他可能根本不知道自己哪里出了问题，这样一来他也会对训斥产生抵触心理，对学习也会心生反感，自然就无法集中注意力了。

所以，我们要与全家人和谐相处，在家中讲话要尽量和颜悦色，行为也要自然温柔，即便有什么事发生也不要暴怒或太悲伤，而是要保持成年人的冷静，千万不要将自己的怒气都发泄到孩子身上。我们只有做到"将坏情绪挡在门外，将好心情带进家中"，才有可能在家里创造温馨的生活氛围。

妈妈和爸爸都要让"心的环境"干净起来

夫妻一定要和睦相处，相敬如宾。夫妻一条心，门前黄土变成金；夫妻同心，其利断金。所以，劲往一处使，千万不要同床异梦。夫妻双方在这个社会中都应该抵制各种各样的诱惑，洁身自好，要努力打理好"心的环境"，让心干净起来，不要有外心，更不要有外遇。不然，父子连心、母女连心，尽管可以不告诉孩子，但他却能感受到家里（父母）哪里不对，也就导致注意力难以集中，上课可能走神发呆，考试可能成绩下滑。所以，为人父母者不可不谨慎。

最好的爱在家里，只有"三观"正确才不会受外界的污染、诱惑与毒害，这是每一位父母都应该明白并且做到的，也是从小要告诫孩子的。抵制诱惑，父母有责；保护孩子，你我加油！天下父母、家人子女，请保护好自己，爱家人，爱父母，爱孩子！

23 我很喜欢这个房间!
——在孩子房间营造学习氛围

如果说家庭是包括孩子在内的所有家庭成员共同生活的一个大空间,那么孩子的房间则是可以完全由他自己支配的独立小空间。培养孩子的注意力,我们除了要重视大空间的整洁温馨,也要注意在孩子的小空间里营造一个良好的学习氛围,使他能自觉主动地专心学习。就如同下面这位妈妈做的一样。

> 搬新家后,女儿有了自己独立的房间,她开心地将自己所有的玩具都堆了进去,还在房间的墙壁上贴满了自己喜欢的各种漫画海报。看到女儿开心的样子,妈妈很是欣慰。
>
> 但一段时间之后,妈妈发现问题了,女儿学习时很不专心,经常是看着看着书,就看到床上去了,玩起了床上的大大的毛绒玩具;要不就是作业写到一半写不下去,转而开始摆弄

桌子上的小玩偶。

　　一天，妈妈在女儿上学后好好观察了一下她的房间。妈妈发现房间里玩具太多、墙面太花哨，书柜里也摆着许多小玩具。连妈妈都觉得，自己在这样的房间里无论如何也看不下去书。最终，妈妈考虑要和女儿商量一下，帮她改变房间的氛围，让她的房间除了具备生活、娱乐的功能，也能成为她认真学习的绝佳场所。

　　在为孩子布置房间时，很多妈妈也许会顺从孩子的意思，在房间里放入许多他喜欢的东西，但是孩子喜欢的不一定是与学习有关的，他只要在房间里学习，注意力很容易就会被那些无关紧要的东西牵走。

　　但是，假如我们将孩子的房间完全布置成刻板的学习房，似乎也会让孩子产生厌烦感，想想看，就算是教室里还要有黑板报、宣传画等来进行装饰，更何况是孩子每日生活的房间呢？也就是说，孩子的房间应该是既温馨又朴素的，要兼具生活与学习的功能。

　　那么，我们又该如何布置出既符合孩子学习标准又能让他喜欢的房间呢？

为孩子准备一个基本生活功能"达标"的房间

　　所谓基本生活功能"达标"，就是指孩子的房间首先是健康的，他生活的室内环境不能有污染，不能对他的正常生活有影响。否则，孩子连最基本的生活都无法保证，又怎么能专心去学习呢？

孩子的房间要经常保持通风。同时，我们也要督促孩子做好房间的卫生清扫，如果有条件，还可以定期对房间进行杀菌与消毒处理。在房间装饰涂料的选择上，一定要选择环保材料，以免损害到孩子的身体健康。

控制合适的温度与湿度也是我们应该注意的，夏季最好控制在28℃以下，冬季控制在18℃以上；房间的相对湿度要保持在30%～70%之间。

孩子房间的采光要柔和，太强或太暗都影响视力发育。还要考虑到噪声的影响，最好不要让孩子住临街房间，或者紧邻热闹场所的屋子，否则噪声不仅会影响孩子的注意力，还会造成他的紧张心理，影响其身心健康。

在孩子的房间摆放合适的物品

当孩子的房间具备基本的生活条件之后，我们就要在其中摆放合适的物品，让房间的生活与学习功能都能凸现出来。

首先是家具的摆放，家具不能太多，否则会限制孩子的活动空间；家具也不能太少，否则声音会在房间里形成回响或共鸣，反而制造噪声。

接着就是各种物品的摆放，可以将房间划分出区域，与学习有关的东西、书籍、纸笔等，都要摆在学习区，也可以摆一盆绿植帮助孩子眼睛与大脑休息，其他的休闲娱乐类的物品就不要出现在这里了；休闲区可以放上孩子的玩具、图书等物品，但也不要太多，尤其是不要挤占学习空间，可以选择一些能起到装饰作用的玩具或其他物品，这样装饰休闲两不误。

要尽量将孩子的学习区与休闲区隔离开，可以让这两个区分别占据房间的两个对角，以免孩子的注意力被休闲区的玩具所吸引。当然，如果孩子的房间较小，也可以把休闲区移到其他房间去。同时，我们也要提醒孩子，学习的时候就要认真学，不要总想着去玩，放松的时候也要尽情地放松，不要边玩边学，反而两头都不尽兴。

说到装饰，孩子房间墙壁的布置也要简单素雅，不要太过花哨，颜色对比也不要太强烈，否则会让孩子过于亢奋，不利于注意力的集中。墙上不要张贴过多孩子喜欢的动漫或者偶像画等，几句名言警句倒是可以给孩子以激励。

尽量保持孩子房间的独立性

孩子的房间布置好之后，我们就要尊重他的独立与隐私，不要总是不经允许就随便进入他的房间，也不要随便乱动他房间里的东西。当孩子在自己的房间学习时，我们要尽量减少进入他房间的次数。

另外，也要提醒孩子，当他走进自己房间开始学习之后，就要专心去学，我们不打扰他，他也不要自己"打扰"自己，不要轻易被外界声音所干扰，而是要全神贯注地学习。

24 请勿打扰！
——孩子学习时，对他减少干扰和刺激

常常听到一些妈妈反映，孩子学习的时候三心二意，注意力非常不集中，一会儿看看电视，一会儿吃点零食，一会儿又跑去摆弄其他东西，结果本来半个小时就能做完作业，却要花上一个多小时。为此，许多妈妈不得不在旁边督促孩子，孩子才能专心地把作业做完。

事实上，在孩子学习的时候，妈妈与其在旁边唠叨地辅导和说教，不如为他营造一个安静的学习环境。喧闹的家庭环境是分散孩子注意力的主要原因。

一位妈妈曾讲过这样一件事：

> 8岁的儿子在房间里写作业，我和他爸坐在客厅里边嗑瓜子边看电视，偶尔看到精彩的镜头，我俩还发出"哈哈哈"的笑声。本来正在学习的儿子很专心，可能是被电视的声音和我

俩的笑声打断了。

儿子就走到客厅说:"妈妈,电视的声音太大了,我都不能专心学习了。"这时,我才意识到电视的声音影响了儿子,刚想把电视关掉,只听他爸在一旁严厉地训斥道:"你在屋里学你的,我们在外面看我们的,互不打扰,你不要总是为不能专心学习找借口。"

听了这位爸爸的话,不难发现他忽略了一个事实:年龄小的孩子本来注意力集中的时间就短,如果要他在我们的责骂声、吵架声、搓麻将声、电视声、音乐声下做功课,就算他坐在了书桌前,他怎么可能专心地读书呢?孩子学习的时候,最重要的就是一个安静的学习环境,因此,一定要努力为他营造一个安静的学习环境。

在孩子学习的时候保持安静

有些家庭经常是这样的情况:孩子在写作业,妈妈要么在打麻将,要么在看电视,要么在和别人聊天,坐在一旁的孩子偶尔还能插上几句话。事实上,这样的学习环境非常不利于孩子集中注意力。因此,在孩子学习的时候,我们一定要保持安静,像看电视、听广播、搓麻将、听音乐、和邻居聊天等行为,尤其是夫妻间拌嘴、吵架都应该尽量避免。

同时,当孩子不能专心学习的时候,我们也不要在一旁唠唠叨叨,而是要用简练的语言指正他的行为。如果他学习时间过长,可以适当地让他放松一下。

和孩子一起学习

孩子学习的时候，我们不妨拿一本书坐在他的身边和他一起学习。尤其是对年龄小的孩子，这种方法非常利于他养成专心致志的学习习惯。同时，我们还能在孩子面前树立一个好榜样。值得注意的是，我们手里拿的一定是书，不是报纸、杂志，因为看报纸、杂志，在孩子看来不是学习，而是一种消遣。

培养孩子专心致志的学习态度

要想培养孩子专心致志的学习态度，我们就要先起到表率的作用，比如，不边看电视边看书，不边听音乐边学习，不边看报纸边吃饭。同时，我们也要要求孩子做到这一点。如果遇到孩子边学习边吃东西或者边看电视边看书的情况，我们一定要及时纠正他，让他养成良好的学习习惯。

不打扰正在学习的孩子

> 周末，一位妈妈在厨房里腌咸菜，女儿在书房里做作业。不一会儿，妈妈的咸菜腌好了，她顾不得女儿正在学习，把她叫过来说道："把这些咸菜给隔壁王奶奶送去吧，她爱吃这个。"

很多妈妈都有这个习惯，本来孩子正在学习，却一会儿叫他干这，一会儿叫他干那，结果本来认真学习的他也很难集中注意力了，这样怎么能培养起孩子专心致志的学习态度呢？因此，孩子学习的时候，我们尽量不要打扰他，也不要因为心疼他，一会儿给他送水，一会儿给他送水果，频繁进出他的房间会分散他的注意力。

这里再多说几句。有的妈妈在教孩子学了《弟子规》后，就认为其是万能的，动辄就拿《弟子规》里的规矩来要求孩子。比如，有的妈妈就认为"父母呼，应勿缓"这六个字是孩子要无条件做到的。但其实，如果没有彻底读懂这六个字，做妈妈的就很难运用好它，它也就不能成为教育孩子的"灵丹妙药"了。

说得再明白一些，就是妈妈一定要关注到"父母呼"这个"呼"的内涵，这是给父母提的要求。我们要把握这个核心：注意"呼"的语气、语调和时机。比如，当我们的"呼"明显高八度，甚至是以气势压倒、命令孩子时，那他的内心一定是反感的，是不想配合去"应勿缓"的。再如，"呼"的时机，当孩子正在埋头专注地做一件他认为很重要的事情时，而我们又没有必须"呼"他做别的更为重要的事的情况下，就不应该去随意打扰他。想想看，如果我们随意打扰孩子，还要求他"应勿缓"，还有道理在吗？

　　当孩子暂时还没有做到"应勿缓"的时候，我们要给他适应与成长的时间，而不要试图以"父母呼，应勿缓"（包括《弟子规》的其他内容）这句话去控制孩子，不要硬给他扣上一顶"不听话"的大帽子，甚至因此去否定孩子。"父母呼，应勿缓"这句话在某种程度上是对父母和孩子都有约束的，体现了父母与孩子之间的相互尊重、信任与理解，而不是父母单方面拿来去衡量孩子的，更不是让父母用这句话或整部《弟子规》跟孩子去对立的。这一点，在一开始学习《弟子规》的时候就要铭记在心，不然就做了"坏榜样"。

25 我真的快不了！
——不要总催促孩子"快，快，快"

在孩子成长这方面，我们总是抱有很大的期待，同时也有颇为焦虑的心情，无论是在面对孩子的学习还是看他做其他的事情，我们总是觉得他太拖拉，于是就不断地催促他"快些，快些，再快些"。可其实在孩子内心也许会有这样的回应："我真的快不了！"

孩子在转移注意力方面的能力并不算好，当他专心做一件事时，他就只能做那一件事，假如我们不断地催促他让他快一些，他的思路、行为都会由此受到影响，注意力一下子就被打乱了。如此一来，原本在做的事情没做完，注意力又没法立刻转移到新的事情上。

一位妈妈对此深有感触：

> 儿子那天帮我打扫卫生，他的任务是把客厅杂乱的地方整理一下，再将地上的垃圾扫干净。可是在做惯了这些事情的我

看来，儿子的速度简直就是龟速，我把其他活儿都干完后发现，儿子还在整理客厅茶几上没摆放整齐的东西。

我一着急就说："你倒是快点啊！这么半天这点事都做不完？"

儿子似乎也想要加快速度，但当他快起来的时候，手下的整理动作却乱了套，不是碰翻了杯子，就是弄掉了报纸，结果刚刚整理得还算有些样子的客厅立刻又变得不像样了。

我更着急了："你看你这怎么还越整越乱了呢？手脚麻利点儿早就弄完了。"

儿子一屁股坐在了沙发上，说："妈妈，我真的快不了。如果非要让我像您那样，我做不到。您总催我，我都没法集中注意力了，我干不了了。"

说实话当时我挺生气的，自己气鼓鼓地把地扫完了。但冷静之后我再一想，似乎问题的确出在我身上，总催促儿子快些，他的头脑中就满是我的催促，他当然没法集中注意力将手头的事情做好，真的是越催反而越快不了。

这位妈妈说得没错，我们对孩子的催促，会让他有一种压迫感，而他的手脑协调能力并不算好，也许思想上想要快，可手下却快不了。而且，一边想着"要快"一边去做事，注意力就分散了，到头来很可能什么都做不好。

所以，我们不要经常在孩子身边制造"紧张气氛"，别总是催他，要让他在一种安心的环境中集中注意力将一件事踏实做好，这才能保证他的注意力坚持得更久一些。

耐心等待孩子将正在做的事情做完

有的妈妈说:"一看到孩子在那里磨蹭,我就急得不行,恨不得替他做完。我也是忍不住了才催他的。"其实,我们并不能看到孩子的内心,不知道他是怎么想的,也不知道他是怎么安排自己做事的顺序的。既然不了解,我们也就不要那么着急,耐心地等他将事情做完,总要好过中途打断。

当然,如果我们心里没底,完全可以问问孩子,听听他做事的步骤计划,这样我们也能做到心里有数。而在孩子做事这段时间里,我们尽可以去做自己的事情,哪怕是看看书,也是在充实我们的精神世界。

当然,有的孩子也许是由于做事方法有问题,所以才会慢下来。这时我们也要耐心等他做完,然后再给他讲讲有没有其他快速的方法,帮他提高做事效率。

提前和孩子约定一个完成时间

有的孩子做事的确专心致志,但是时间观念不强,可能做起事来只重视质量,却忽视了速度。但慢吞吞的性子有时候也会误事,就拿考试来说,虽然专注地解答每一道题很重要,可如果不注意时间,也许就会做不完试卷,反而影响最终成绩。

所以,我们可以提前和孩子约定好一个时间,先要和他分析一下他做完某件事需要多长时间,然后再和他一起定好最终可能完成的时间,接着再鼓励他合理分配所有时间,并专心使用时间。一旦确定了完成时间,我们就要信任孩子,要给他一个可以凝神聚力的空间,相信他可以按时并保质保量地完成。

最初这个时间的约定不要太松也不要太紧，最好是设定成孩子刚好能完成那件事的时间。随着孩子处事能力的提高，我们也可以尝试适当缩短时间，鼓励孩子高度集中注意力，适当加快做事的速度。

催一催孩子因走神导致的拖拉行为

孩子在做事时我们最好不要去催促，但也要分情况。有的孩子事情做到一半时思想就已经神游了，导致该做的事情做不完，一直拖着。面对这样的情况，我们就要及时提醒，帮他将注意力拉回来。

比如，孩子原本在写作业，但某种原因下他开始发愣，如果我们看见了，不用多说，也用不着训斥，只要轻轻咳嗽一声或者过来敲敲他的桌子，帮他将神游的思想拉回来。有时，为了避免孩子尴尬，我们也可以端杯水或者给他拿个苹果，然后说："是不是有些累了？歇一下，一会儿再集中精力学习也可以。"这样一来，孩子就不会因为走神被发现而惧怕受到责罚，我们的关心也会让他感动，他也许就能主动收回心思继续学习了。

26 您都说了多少遍了！
——不要对孩子唠叨个没完没了

唠叨，是很多妈妈"日用而不知"的一种行为，这种行为当然无益于孩子的成长与教育，所以还是要改改。就如下面这位老师跟家长沟通的那样。

> 学校家长会结束后，老师与几位父母一起交谈。
> 其中一位妈妈说："我的孩子就像老师您说的那样，他回家做作业时注意力总是不集中，也总爱出错。"
> 老师问："他在家学习时是个什么情况呢？您又是怎么做的呢？"
> 那位妈妈说："我从他一入学就一直陪着他写作业，每次都提醒他做题要细心，同时还会帮他及时纠正错误。但孩子渐渐地嫌我唠叨，我一说他，他就不好好写作业了，真是愁死

第四章
这个环境，你喜欢吗？——给孩子创造利于专注的环境

我了。"

老师想了想才说："我觉得，孩子注意力不够集中的问题，似乎也不全是他自己的原因。我们总是用唠叨来打断他的学习，他的注意力又怎么能集中得起来呢？"

听了老师的话，不仅是那位妈妈，其他几位父母也陷入了沉思……

在很多妈妈的思想中，唠叨就是对孩子爱的表现，显然事例中的这位妈妈也是这样想的，她希望孩子能好好写作业，能好好学习。但是，我们只顾着表达了自己的心情，却忽略了孩子的感受。我们一边希望孩子能集中注意力，另一边却又不断地用唠叨来打断他的注意力，这样他的思想也许就会变得混乱，他可能也不知道该怎么做才好了。

孩子的大脑发育并不完全，注意力原本就很难保持长久，而且也很难在转移后还依旧保持原有的注意力。另外，孩子对信息的接收与处理能力也远没有达到成年人的水平，他可能会出现各种失误与问题。这些都是孩子的特点，我们理应包容。不能只凭自己的感觉就要求孩子一定要达到某种程度，要给他一个宽松的做事环境，少一些不必要的唠叨，也许更能让他安静地思考自己该做的事情。

而且，孩子也在慢慢长大，有些道理他也会慢慢明白，也用不着我们总是反复提醒。否则，他可能反而还会因为我们太过唠叨而选择无视所有的教诲，这显然不是我们希望看到的。

要培养孩子有良好的注意力，我们就要减少并最终杜绝无意义的唠叨，给他一个安静的做事空间，让他按照自己的计划解决各种问题。我

们只要给予他鼓励，让他能安心努力就可以了。

在孩子做事之前将所有叮嘱都说完

当孩子准备要做一件事之前，我们最好将所有能想到的叮嘱都说完，他一旦开始做事了，我们就要还他一个自主且清净的做事空间。这样一来，孩子既能知晓我们的担心，也能根据我们的建议对整件事考虑得更加全面，减少不必要的错误。

而这也就要求我们一定要考虑周全，我们需要提升自己的预见性，要从孩子准备做的事情的性质、孩子的个性特点和行事风格等方面入手，尽量在一开始就将所有能叮嘱的事项都叮嘱完。这样我们就不会在孩子做事的过程中反复地去唠叨了。

对孩子有信心，相信他的理解能力

有的妈妈之所以总是唠叨，其实就是因为她对孩子没有信心，她总怕孩子听不懂她说的内容，或者是忘记了她提醒的事情，于是便不停地在孩子耳边唠叨。表面上看，妈妈是为孩子好，但频繁的唠叨一次又一次地打断孩子刚刚整理好的思绪，他的注意力可能就会一直停留在妈妈的唠叨之上，反而无法专心做他该做的事情了。

所以，我们要相信孩子的理解能力，只要认真地将要叮嘱的事情说一次，并提醒孩子注意这些问题就可以了。孩子也想将自己的事情做好，他也会认真考虑我们所提到的问题。就拿写作业来说，在这之前，我们只要告诉孩子"要审好题目，认真作答，并仔细检查"，大部分孩子都能很清楚地理解我们所说的意思，他自然也会提醒自己按照我们所说的去做。

容忍孩子做事过程中的错误与不足

> 儿子写作业时，妈妈一直在一旁看着，不是说"你抄错题了"，就是说"这数都算错了"。在妈妈的提醒下，儿子不断地改正错误。可当他改完之后再继续做新题时，又一下子没了头绪，妈妈便又接着说："我看你这课都白听了，这么简单怎么就不会呢？"结果，儿子的作业写了好久，但依然错误连连，妈妈唠叨的话语也不停地在他耳边回响。

孩子做事过程中犯错是再常见不过的事情，但有的妈妈就是无法容忍这些错误，总是不停地唠叨。孩子的注意力就被这些唠叨分散了，最终落得个不知道该如何做的结果。

为了杜绝类似的现象，我们就要保持一种宽容的态度，如果孩子在做事过程中表现出了不足，或者出了错误，我们也要等他做完之后再提醒，不要中间突然就过去打断，甚至严厉地指责他的错误，否则不仅会扰乱他的注意力，对他的自尊与自信也是一种伤害，他也许会因为经常受指责而丧失信心，注意力从此就转移到怎样不出错之上了，反而无法更专心地做主要的事情。

另外，我们也可以用鼓励来点出孩子的错误。比如，他做作业很粗心，我们可以让他自己检查来发现错误，并积极改正。当他纠正错误之后，我们再鼓励他，争取下次不再犯。

第五章

Chapter5

健脑！踏青！生活有规律！

——全面提升孩子的生活品质

孩子的注意力是否能够集中，除了主观上的原因，与他的生活品质也息息相关。比如，良好的睡眠、有规律的作息、合理健康的饮食，以及与大自然的亲密接触等，都能够有效地提高孩子的注意力。所以，我们一定要全面提升孩子的生活品质。

27 早点睡吧，宝贝儿！
——保证孩子有充足的睡眠时间

国际卫生组织为了提高人们对睡眠重要性的认识，于2001年发起了一项世界性的活动，即将每年的3月21日定为"世界睡眠日"。

人的大脑和其他器官一样，都需要适度的休息，而睡眠则是大脑得以充分休息的最好的方式。对于紧张地学习了一天的孩子来说，脑细胞经过一天的工作已经很疲劳了，如果得不到及时充足的休息，没有良好的睡眠，不但孩子的注意力会有所下降，就连他的生长发育、身体健康也会受到影响。

> 一对父母是做餐饮生意的，女儿每天放学后，就在父母开的饭店里写作业，一直要到晚上十点多才能跟着父母一起回家。简单的洗漱和准备一下第二天上学要用的东西之后，女儿真正开始睡觉的时间一般都快要到午夜十二点了。

> 长期的睡眠不足，使正处于发育期的女儿看起来一点精神也没有，身高也比同龄的孩子矮，还动不动就感冒。她上课时不要说集中注意力了，就连正常的听课都保证不了，经常在课堂上打盹。

这个女孩出现的状况，是没有充足的睡眠时间导致的。在这个问题上，她的父母要负很大的责任，如果他们继续忽视这个问题，就会给女儿的身体和大脑发育带来不小的伤害，更别说要提高她的注意力了。

一般来讲，3~6岁的孩子，应该保证每天11~12个小时的睡眠时间；7~9岁的孩子，一天要有10~11个小时的睡眠时间；12岁以上的孩子，要保证一天至少9个小时的睡眠。我们要想让自己的孩子注意力集中，每天能好好上课，并且有健康的身体，就必须保证他每天睡眠充足，不要以任何理由做借口，耽误孩子宝贵的睡眠时间。

合理安排孩子的睡眠时间

年龄小一些的孩子，最好晚上八点半到十点上床睡觉。这是因为晚上十点是孩子生长激素分泌最旺盛的时间，但前提是孩子必须已经进入深度睡眠。早一点上床睡觉，可以在很大程度上保证孩子从浅睡眠状态进入到深睡眠状态。

即使年龄稍大一些的孩子，也不宜过晚睡觉，最好在十点前上床睡觉。

给孩子营造良好的睡眠环境

安静温馨的环境有利于孩子尽快进入睡眠状态，而且会有好的睡眠品质，这就需要我们做妈妈的细心为他营造了。

比如，要将室内的光线尽量调暗一些，还要嘱咐家里人说话走路都要轻一点，还可以给孩子小声地讲一些睡前故事，或是轻声放一些有助于睡眠的舒缓音乐……在这种温馨的氛围里，孩子会感到舒适而安心，也就能尽快进入梦乡了。

帮孩子养成按时睡觉的好习惯

有些孩子做事拖拉，或是太贪玩，经常耽误上床睡觉的时间。为此，我们可以与孩子一起制定作息时间表，让他按着时间表进行作息；也可以向孩子讲清要上床睡觉的时间，并按时给他讲睡前故事（或放音乐）；必要时，我们还可以让他尝试一下不按时睡觉的后果，让他懂得按时睡觉的好处与必要性……

帮助孩子坚持按时睡觉一段时间后，他自身的生物钟就会开始起作用，以后到时间他就会犯困，自然就会听话地去睡觉了。

此外，不要轻易打破孩子原有的良好的睡眠习惯，不要因为是节假日就任他玩到半夜。好习惯培养起来不容易，不良的习惯却会在我们不经意间来侵扰孩子。

为孩子做好入睡的准备工作

为了保证孩子有充足、良好的睡眠，我们要多注意一些不利于睡眠的睡前禁忌，做好帮他入睡的准备工作，以避免因我们的疏忽而造成孩子难以入睡，或者睡眠品质不高。

比如，孩子在睡前不宜暴饮暴食，否则会引起消化不良，使他难以入睡；孩子在睡前也不宜剧烈运动，或是兴奋玩耍，否则他的情绪会长时间无法平静下来，导致他无法按时入睡；孩子在睡前也不宜吃容易导致胀气、利尿的水果，如香蕉、西瓜等，否则很可能会使他因腹胀或是频繁上厕所而难以入睡。

总之，保证了充足的睡眠时间，孩子就会有好的精神状态，注意力也就容易集中了。

28 吃点"健脑菜"！
——让孩子的大脑有足够的营养

虽然大脑只占体重的2%，可是它每天却要消耗全身能量的20%，如果长期脑营养不足，不仅会使人头晕目眩、精神涣散，还有可能引起精神上的忧郁。

> 有个小男孩每天早上都要赖床，总是来不及在家里吃早餐，经常是在学校门口买几个包子了事，有时干脆就不吃早餐了，一直等到第一节课下课后，在学校的便利店里随便买点零食，缓解一下饥饿感。
>
> 结果，由于大脑营养不够，这个男孩上午的课基本上都是在迷迷糊糊中度过的，根本就集中不了注意力。

像这种长期不好好吃早餐的孩子，由于大脑营养不足，易导致其注意力不集中、反应迟钝，不但会影响到他的学习效率和学习成绩，对他的身体和大脑发育也是一种严重的伤害。

我们平时除了要让孩子吃好一日三餐以外，还要特别注意给他多吃点补脑健脑的食物，让我们的爱心"健脑菜"为孩子的大脑提供源源不断的营养，以提高他的注意力和兴奋度。

那么，哪些食物有补脑健脑的作用呢？我们又应该怎样给孩子补充大脑营养呢？

少依赖保健药品，从日常的普通食物入手

现在市面上有许多宣称可以补脑健脑的保健药品，其宣传真可谓是铺天盖地，但这些昂贵的保健药品真的像宣传的那样好吗？有没有副作用？是不是安全？这些问题的确值得我们考虑。而且，最重要的是，我们不可以拿孩子当试验品，不能拿他的身体健康开玩笑。为了孩子的身体安全，我们还是应该从身边日常的普通食物入手，争取通过食补为孩子的大脑补充足够的营养。

少食多餐，防止造成孩子大脑营养过剩

大脑需要营养，但也不能过多，要有个限度，否则很容易导致"肥胖脑"症，即脂肪在脑组织中堆积过多，大脑皮层的皱褶减少，神经网络的发育迟缓，最终会导致智力水平下降。所以，我们在给孩子补充大脑营养时，一定要注意让他少食多餐，这样大脑才能保持最佳的工作状态。

保证孩子对卵磷脂和不饱和脂肪酸的摄入

卵磷脂是指存在于动植物组织以及卵黄之中的一组黄褐色油脂性物质，在脑神经细胞中占总质量的17%~20%，它可以提高脑细胞的活性化程度，有助于提高记忆力与智力水平。富含卵磷脂的食物有大豆、蛋黄、蘑菇、山药、木耳、动物肝脏等。

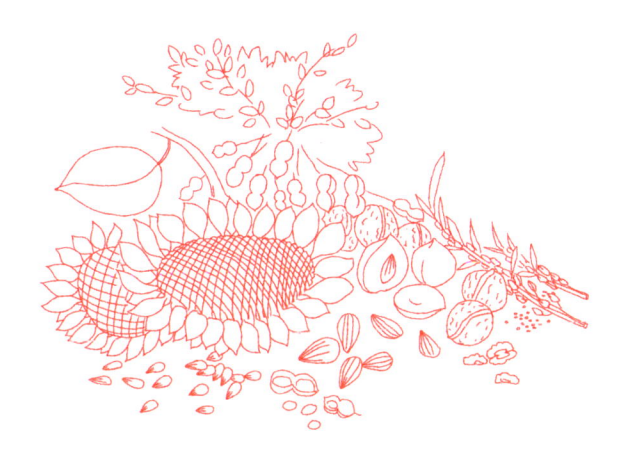

不饱和脂肪酸是构成人和动物体内脂肪的一种必需的脂肪酸，它比饱和脂肪酸（所有的动物油都是饱和脂肪酸）更健康。不饱和脂肪酸是大脑和脑神经的重要营养成分，如果摄入不足，将影响记忆力和思维力的发展。尤其是处于发育期的婴幼儿，如果身体里缺少了不饱和脂肪酸，不但会影响其大脑发育，导致智力下降，还会影响视力发育。

因此，我们平时一定要注意给孩子多吃一些富含不饱和脂肪酸的食物，如各种坚果和种子（花生、瓜子、核桃、扁桃仁、芝麻等）。

给孩子补充葡萄糖和富含维生素的食物

大脑的正常运转,需要大量由葡萄糖释放出来的能量。可是,孩子体内的葡萄糖贮量并不多,所以他比成年人更易产生疲劳感,注意力也更容易分散。为此,我们每天都要注意给孩子补充必要的葡萄糖。

此外,像维生素B、维生素C、维生素E等营养成分,也是孩子大脑发育及运转所必需的。所以,除了葡萄糖以外,孩子对各种维生素的摄入也是很重要的。

同时含有大量葡萄糖和丰富维生素的食物最主要的就是各种新鲜水果,比如,苹果、葡萄、柠檬、菠萝、香蕉、橙子、猕猴桃等。蔬菜也富含各种维生素,比如,各种深色的绿叶菜、胡萝卜、西兰花、芹菜、黄花菜等。

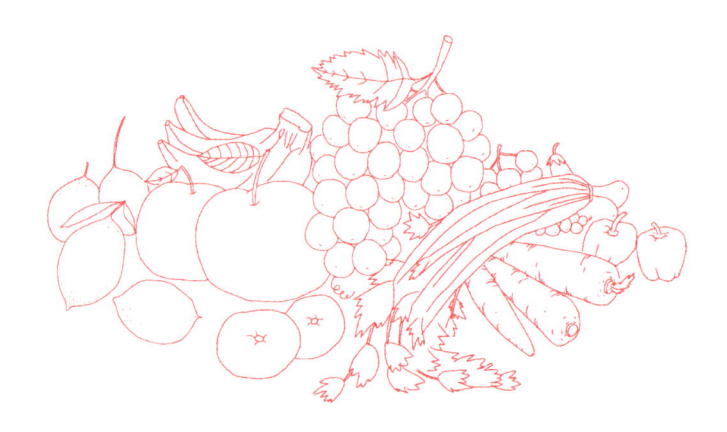

总之,在我们身边有许多有益于孩子大脑发育的食品,我们完全不必把金钱浪费在营养保健品上。只要我们注意长期坚持给孩子补充这些健康食品,注意提升他的生活品质,他不但会耳聪目明、头脑清醒,注意力也会因此而有所提高。

29 哦，我们踏青去喽！
——经常带孩子接触大自然

美国密歇根大学的研究人员曾做过一项有关户外活动的研究，结果表明，到户外呼吸一下新鲜空气，到公园或郊外散散步，可以有效提高记忆力，也可以改善注意力。

研究人员认为：城市的喧嚣和娱乐能使人有刺激感，但有可能会降低人们的记忆力和注意力，而大自然则可以令人平静和放松下来。

此项研究的负责人也说："和自然界互动，能产生类似闭目养神的效果。"

的确，大自然中的新鲜空气含氧量高，有促进新陈代谢的作用，还有助于提高大脑的兴奋度和其他功能。所以，如果孩子能经常与大自然进行亲密接触，能够到大自然中去散散步、爬爬山、玩玩水、踏踏青等，他的身体和头脑都能得到净化和锻炼，从而使他的注意力得以提升。

可是，现在的很多孩子却没有机会多与大自然接触，他们的生活品质不高，每天不是奔波于各种学习班，就是坐在家里看电视、玩电脑、玩手机，即使是到了户外，他们也常常因为大人的束缚而无法与大自然亲密接触。于是，孩子的好奇心和探索欲受到了压制，独立能力和创造能力也无法正常发展，注意力也随着越来越懒惰的头脑而不断下降。

为了避免这种情况发生在我们的孩子身上，请抽时间多带他到户外走一走、看一看吧！在美好的大自然中，孩子会找回他失去的快乐，他的头脑将不再混沌，而他的思考力和注意力也将有所改善。

清晨多带孩子到户外做运动

经过一晚的睡眠，孩子的大脑已经得到了充分的休息，这个时候，如果我们能带他到户外做做运动，不但可以帮助孩子唤醒大脑，使之尽快进入工作状态，还可以提高孩子的身体素质，有益于他的身体健康。而且，"一天之计在于晨"，早晨是一天当中最美好的时光，如果孩子将它浪费在被窝里，将是一种无法弥补的遗憾！

周末带着孩子到郊外游山玩水

郊外的田野、草地、树林和山山水水，可以放松孩子的身心，使他真正高兴、活泼起来。孩子的心情变好了，又呼吸到了没有汽油味、没有工业废气污染的新鲜空气，头脑自然也会变得灵活，注意力当然也会有所提高。

我们不妨利用周末的时间，带着孩子去郊外野炊、采摘、挖野菜、放生……这些活动不但有利于孩子的身心健康，有利于提高他的注意力，对我们自身也是非常有好处的。

🚀 节假日带孩子畅游名山大川，饱览美景

"五一"、国庆长假我们可以带孩子到有美丽自然风光的地方旅游，让他有机会领略名山大川的风采，有机会饱览各地的自然美景，可以真切地感受到大自然的迷人魅力。

在美景中，他的注意力被吸引，思维变得更加清晰，就连感受能力也得到了增强，在大自然这位高明的老师和培训师面前，孩子会心甘情愿地"俯首称臣"。

🚀 引导孩子多亲近大自然中的动植物

当孩子对大自然中的动植物有了好奇心时，他会将注意力集中在它们的身上，观察它们的变化，注意它们的动态，而他的这些自觉的行为，将是对提高注意力的最好训练。所以，我们平时可以引导孩子多去亲近大自然中的动植物，以引起他的好奇心和求知欲，从而达到提高他注意力的目的。

教孩子爱护大自然

美丽的大自然需要人类的呵护，我们在引导孩子去感受大自然无限美好的同时，也有责任教导孩子去爱护大自然。爱惜和维护大自然的过程，对孩子来说也是很好的锻炼过程，同样有助于提高他的注意力。

比如，当我们带着他为倾倒的花木搭支架时，当我们带着他救护小动物时，当我们带着他栽花种树时，无不需要他的认真与专注，而这也正是对孩子注意力的最好的锻炼。

30 合理健康的膳食！
——饮食均衡也会让孩子更专注

饮食是与睡眠同等重要的事情，同样关乎着人类的生命安全与生活品质。对于处于生长发育期的孩子来说，他需要摄取多种营养元素才能保持健康的体魄、旺盛的精力、灵活的头脑和高度集中的注意力。

不同的食物所含有的营养元素不同，没有一种食物可以提供人体所需要的全部营养。因此，我们每天在为孩子准备饮食时，一定要注意各种食物的搭配，尽量做出营养全面均衡且色、香、味俱全的饭菜。这既可以满足孩子对营养的需求，又可以让他食欲大振，我们也不会为他不爱吃饭而发愁了。

有个男孩非常壮实，极少生病。他总是活力四射，好像有用不完的劲儿，做起事情注意力很快就能集中起来。他上课能认真听讲，下课也能按时完成作业，不但拥有良好的学习成绩，还是学校里有名的运动健将。

当其他的家长向这个男孩的妈妈讨教育儿经验时，妈妈回答说："我其实也没有什么好方法，就是每天都尽量让他吃好、休息好！"

一位家长听后问道："那你每天都给他吃些什么呀？"妈妈笑了笑说："其实就是很普通的家常饭菜！只不过我不贪量多，每样都少做点，尽量让营养全面均衡一些就可以了！"

这位妈妈虽然不是营养师，但她以一颗爱孩子的心，每天都保证了自己的孩子能摄取到充足而均衡的营养，使他能拥有健康的体魄和良好的专注力。

与这位妈妈相比，那些经常领着孩子到外面吃快餐、从不自己做饭的妈妈们真该好好检讨一下了！对于孩子来说，身体的健康是最重要的，是他一切活动的基础，如果我们不认真对待他的饮食问题，不给他一个好身体，他又怎能应对繁重的学习和其他的活动呢？

所以，我们平时一定要合理安排孩子的膳食，让他每天都能摄取到丰富而均衡的营养。

少给孩子吃大鱼大肉，清粥小菜也同样养人

孩子的身体还没有发育成熟，消化功能还比较弱，如果总是吃些大鱼大肉，脾胃就承受不了，身体会因此而产生一系列的问题，如消化不良（夜晚哭闹、腹胀腹痛、舌苔厚而发白等）、精神萎靡、呕吐、发烧

等。给孩子吃的肉类食品一定要适量，千万不要贪多，最好在早餐或午餐时吃，晚餐尽量以清粥小菜为主。

每天用五谷杂粮搭配着给孩子熬粥喝，不但可以调养他的脾胃，还有利于他的身体对营养的消化与吸收。此外，各种新鲜的时令蔬菜富含多种维生素和大量的粗纤维，既有营养又好吃好看，对孩子的肠胃也有好处，是餐餐必备的好食物。

✈ 注意给孩子补充蛋白质

蛋白质是构成脑细胞的主要物质，我们要想通过饮食提高孩子的注意力，就必须要给他补充蛋白质。除了鱼和肉以外，鸡蛋、牛奶、豆制品、干果等食物里也含有丰富的蛋白质，既然大鱼大肉不宜多吃，那就给孩子多补充一些其他富含蛋白质的食品吧！

✈ 让孩子远离垃圾食品，多吃新鲜水果或奶制品

冰淇淋、方便面、炸薯片、各种各样的膨化食品……这类食品不是含有大量的添加剂，就是过凉、过油，对孩子的身体一点好处也没有，还影响他正常进餐，是孩子必须远离的食物。冰淇淋、雪糕等属于寒凉食品，孩子不宜多吃，最好是不吃。而新鲜的水果营养丰富，又鲜艳夺目、香甜可口，是孩子最好的休闲食品。此外，各种奶制品，如奶酪、奶片、酸奶等，也有益孩子的身体健康，同样是适合孩子食用的健康食品。

用鲜榨果汁代替饮料，多给孩子喝白开水

不论何种成品饮料，里面都含有人工色素和添加剂，尤其是碳酸饮料，更会对孩子的身体造成损害，不但会导致身体里的营养大量流失，还很可能会让他上瘾，所以，在孩子的食谱中，最好杜绝各种成品饮料。

如果孩子想喝些饮品，我们不妨在家中榨一些新鲜的果汁或蔬菜汁给他喝，如苹果汁、橙汁、番茄汁、胡萝卜汁等。这不但可以让孩子觉得很有趣，还可以保证他的营养吸收。

另外，白开水是孩子必不可少的最好的饮品，不但可以让他吸收到多种矿物质，还可以提供充足的水分，保证他的身体健康。

让孩子养成不偏食、不挑食的好习惯

孩子不偏食、不挑食，才能摄取到全面而充足的营养。我们平时可以多对孩子讲一些什么都吃的好处，比如头脑聪明、长高个、有力气等。如果孩子挑食不爱吃蔬菜，我们可以变着花样做给他吃，比如，给他包蔬菜饺子、蔬菜包子等。

孩子的饮食习惯主要受家庭的影响，如果我们平时不偏食、不挑食，孩子自然也就什么都吃了！

合理安排孩子的一日三餐，注意食品卫生

我们除了要给孩子提供营养全面而均衡的饮食以外，还要合理安排他的一日三餐，并要注意食品的卫生问题，这样才能保证孩子的饮食更

健康、更安全，才能为孩子提供较高的生活品质。

一般来讲，孩子的早晨要营养丰富一些，保证他能吃好，这样既可以保证他的身体在长时间休息之后能获得充足的营养，也可以提高大脑的兴奋度，让他更容易集中注意力；孩子的午餐要准时，不宜过饱，否则会影响他的午休，导致他下午没精神，不能集中注意力；孩子的晚餐不能过晚，而且要简单，多吃易消化的食物，否则会消化不良，影响晚间的休息。

此外，我们平时做饭时，一定要将食物清洗干净，最好不要在外面购买成品或半成品食物，以免孩子因为食品不卫生而生病。

31 生活要讲规律哦!
——教孩子过有规律的生活

有这样一句名言:"有规律的生活是健康与长寿的秘诀。"的确,世间万物都是按着一定的规律运行的,生活也是如此。如果有人要打破生活的规律,时常去做一些出格的事情,他将要受到来自生活及自己身体的惩罚,比如,做事不顺、头脑不清、疾病缠身等。

孩子也不例外,他同样需要有规律的生活,比如,按时吃饭、睡觉;按时读书、写作业;按时运动、娱乐,等等。这不但会让孩子拥有健康的体魄、清醒的头脑,还有助于提高他的注意力。

可是,孩子的自我控制能力差,随意性也很强,不可能像成年人一样自觉地按着一定的作息规律生活。有的孩子常常一边写作业一边"开小差",作业从来也没有按时完成过;有的孩子总是一边吃东西一边看电视,他吃饭的时间比全家人的加起来还要长;更过分的是,有的孩子连上床睡觉这么简单的事也要一拖再拖,不困到"头点地"决不进被窝……

对于孩子这种没有规律的生活,如果我们重视不够,或者不加理会,任其发展下去，不但生活品质会下降，身体也会受到损害，而且他的注意力容易分散，学习当然也会受到影响了。

所以，我们有责任也有义务教孩子学会过有规律的生活。

与孩子一起制定作息时间表

> 美国著名政治家、科学家、《独立宣言》起草人之一本杰明·富兰克林，是一个生活非常有规律的人。他每天都有许多工作要完成，但每天的生活都井井有条，从来也不忙乱，这就要归功于他为自己制定的时间表了。
>
> 他每天早上5:00起床，除了洗漱、做祷告、吃早餐以外，还要计划一天的事务，并向自己提出一个有意义的问题："我这一天将要做些什么有益的事情？"
>
> 8:00～11:00　工作；
> 12:00～13:00　吃午餐、阅读；
> 14:00～17:00　工作；
> 18:00～21:00　吃晚饭、休闲、娱乐，并回顾一天的工作。

制定作息时间表，按时间表做事，是坚持有规律生活的好方法，它既简单科学，又实用有效，富兰克林能从中受益，我们的孩子也可以因此而获利。

我们不妨与孩子一起制定一份属于他的作息时间表，以帮他养成规律生活的好习惯。那么，我们以后再也不用为了让孩子抓紧时间吃饭、写作业、休息不辞辛劳地跟在他身后替他收拾"烂摊子"了，再也不用不停地唠叨他、提醒他了，而孩子也不再因为我们的反复催促而与我们产生不必要的矛盾了。

当然，好习惯的养成需要坚持与执行。如果孩子仅制定作息时间表，而不按时间表办事的话，还是无法过上有规律的生活。因此，我们一定要引导孩子去执行作息时间表，坚持按时间表做事，这样他才能真正养成良好的作息习惯，过上有规律的生活。

可以告诉孩子，作息时间表是在他的同意下制定并执行的，认真地按时间表做事是他的责任。如果他有不负责任的表现，我们不妨让他自己承担一下后果。

提高孩子做事的熟练度和速度

孩子做事拖拖拉拉、磨磨蹭蹭，就很难做到有规律地生活，如果孩子有这方面的坏习惯，我们一定要想办法帮他改正。

比如，多给孩子一些独立做事的机会，以锻炼他对所做事情的熟练程度；不以唠叨、批评、讽刺去刺激孩子，以免激起他的逆反心理，导致他故意做事磨蹭；帮孩子建立起时间观念，以提高他对时间的利用率；多给孩子一些鼓励和信任，让他能自觉地加快做事的速度……

当孩子做事利落、速度快起来之后，生活自然就会变得越来越有规律了。当他为了避免拖拉而专心做事时，注意力也相应地得到了锻炼。

与孩子一起过有规律的生活

一家人在一起生活，生活节奏基本上是一致的，如果我们没有良好的、有规律的生活习惯，孩子也会受到影响。所以，我们平时在劝导孩子的同时，也要注意自己的作息时间。

比如，我们与孩子说好晚上9点一起上床睡觉，就不能因为其他事情将时间往后拖；让孩子早上6点起床，我们自己就不能赖床；严格遵守上班的时间；等等。

为了与孩子一起过有规律的生活，我们平时不妨与他定下相互监督的约定，无论是谁，如果没有遵守共同约定好的作息制度，就应该受到一些小惩罚，比如，一周之内不许看喜欢的电视节目；吃不喜欢但还比较有营养的食物；做一定数量的俯卧撑或仰卧起坐（如果是孩子违约，要根据他的体能来定量）；等等。

如果孩子在一段时间内生活一直很有规律，我们也可以给他一些小奖励，以鼓励他将好的习惯坚持下去。比如，给他买喜爱的书籍、学习用品等。

32 这是暴力，我反对！
——不用软硬暴力培养孩子专注力

孩子的好奇心重，自我控制能力较差，一点小事就能让正在做事情的他分散注意力，经常表现出心不在焉、漫不经心。

一些妈妈认为孩子的这种表现太耽误学习，无法忍受他思想上的"开小差"，也没有耐心去想、去学习一些好的方法来正确地引导孩子，而是以自认为有效的暴力手段去制止或惩罚孩子，不是以严厉的态度去批评、责骂他，就是对他大打出手。这些妈妈相信并奉行"不打不成器""不骂不成材"的观点，认为只有让孩子受点皮肉之苦，他才能长记性，才能把心用到需要他集中注意力的地方。

可是，骂孩子、打孩子的这些暴力方法真的管用吗？孩子被我们这样对待之后，就能变得专注起来吗？

来看看这位妈妈的讲述：

星期天上午，儿子像往常一样坐在自己房间的窗前写作业。这时，一架飞机从天空经过，留下了两行长长的白线。

儿子在飞机的轰鸣声中抬起了头，他的视线很快就被这两条白线吸引住了。后来他跟我说，当时他想到了在电视中看过的飞行表演，想到了那些蓝天白云下的美丽，想到了他有一天也穿上了飞行员的服装，昂首阔步地走向了一架"战机"……

当我走进儿子的房间给他送水果时，并不知道他想的这些，而是看到他傻笑地坐在桌前、两眼望天，一副神游天外的样子。

我的坏脾气一下子就被儿子的走神激了起来，于是就大吼一声："干什么呢？你怎么又走神了！怪不得每次写作业你都写那么长时间，原来光顾着傻呆着了！你说你怎么就不能用点心在学习上呢？快点写吧！上午你要是写不完这点作业，小心我跟你爸收拾你！"说完，摔上门出去了。

儿子对此并没有太大的情绪，可能是已经习惯了吧！他说，我出去后他心不甘情不愿地再次提起了笔，可没一会儿，他又开始看着外面的天出起了神！

这个男孩之所以不能集中注意力写作业，是因为他想到了自己喜爱的飞行，对自己的未来充满了期待。可妈妈显然并不了解他心中所想，只是看到了他走神这一表面现象。而且，她的方法简单粗暴，不能使孩子信服，也就无法从根本上解决他写作业时不专注的问题了。

由此可见，我们的暴力手段，除了会伤害到孩子的心灵，并不能培养出他的专注力，我们再也不能用这种方法去对待孩子了。

教育是一个漫长的过程，孩子的专注力也不是短时间内能够培养起来的，这需要我们付出耐心与努力，与孩子共同学习和成长，更好地去理解他、体会他心中真实的想法，才能从根本上找到他无法集中注意力的原因，才能有针对性地去解决问题，也才能让孩子有专注的自觉性。

就像前面例子中的那位妈妈，如果她能抑制住自己的坏脾气，不对孩子大嚷大叫，而是耐心地与他交谈，找出他走神的原因并加以鼓励的话，相信孩子会有不同的表现。

比如，她可以对孩子说："你能告诉妈妈，天上有什么好看的吗？"当孩子说出他的所看所想时，她还可以就此告诉孩子说："你的理想真好！如果有一天你能飞上蓝天，妈妈也会为你感到高兴的！但是，如果你现在不好好学习，不能按时做好自己的事情，将来又怎能当好飞行员呢！要知道，飞行可是要高度集中注意力才行呀！"

这些话是针对孩子的爱好说的，能触动他的心灵，激发出他的自觉性，可比简单粗暴地训斥、威胁、打骂管用多了！

而且，我们的耐心和对孩子的理解，可以给他带来一个好心情，而他的这种良好的精神状态，对稳定情绪、提高注意力都是非常有好处的。

试想，当孩子心中充满了因我们的责备、威胁和打骂而产生的逆反或恐惧心理时，当他时时刻刻紧张地小心观察着我们的脸色或动向时，当他哭哭啼啼地发泄着心里的负面情绪时，他又怎么能将注意力集中到正在做的事情上呢？

所以，暴力并不是培养孩子专注力的好方法，而是破坏我们与孩子之间的关系、损坏孩子的生活品质的罪魁祸首，是我们在教育孩子时要避免使用的手段。

  我们应该以敏感的心去捕捉孩子思想上的火花，应该以极大的耐心去引导他将已"出轨"的心思收回来，还应该以我们的智慧去培养他对学习或所做事情的兴趣，这样才会将他的专注力培养出来，才有利于他发挥出自己的潜能。

第六章
Chapter6

妈妈支持你的兴趣！
——利用孩子的兴趣提升注意力

　　孔子曾说："知之者，不如好之者；好之者，不如乐之者。"知道怎么学习的人，不如爱好学习的人；爱好学习的人，又不如以学习为乐的人。也就是说，学知识本领，爱好它的比知道它的接受快，而以此为乐的又比爱好它的接受得更快。在某种程度上，这讲的就是兴趣的重要性。爱因斯坦说过："兴趣是最好的老师。"这句话对提升孩子的注意力也同样适用。孩子的注意力持续时间通常较短，但对于他感兴趣的事，却能维持相对较长时间的注意力。如果能抓住孩子的兴趣点，就等于抓住了他的注意力。

33 这个我不喜欢！
——不要强迫孩子做他不喜欢的事

有这样一则令人伤心又令人深思的故事，是一位妈妈讲的：

> 我从小就有成为钢琴演奏家的梦想，特别喜欢听别人弹钢琴，也特别羡慕那些会弹钢琴的人，但是由于各种原因，自己一直没能学钢琴，于是我就把自己没能实现的梦想加在了女儿身上。女儿4岁时就在我的要求下开始学钢琴。事实上，女儿更喜欢画画，可是我却强硬地给她报了钢琴班，希望她一心一意弹钢琴。
>
> 每天我都逼着女儿练钢琴，要是女儿不想练习，我就会呵斥她，邻居总是能听到我的责骂声和女儿的哭声。
>
> 有一次，女儿的手不小心被门夹到，因此休息了几天没有练习，女儿高兴坏了。然而"好景"不长，几天后，女儿的手

> 伤恢复了，我又开始逼她练钢琴。
>
> 为了逃避钢琴练习，女儿居然狠心用门把手夹骨折了。在医院包扎的时候，女儿还天真地问我："妈妈，这次我是不是很久都不用练钢琴了？"我眼里含着泪点了点头，女儿露出了心满意足的笑容。然而她不知道，自己的手伤严重，小手指粉碎性骨折，医生说很难治愈。
>
> 看着女儿天真的笑容，我心都碎了……想着她也许再也无法弹钢琴甚至影响正常生活的手，我流下了悔恨的泪水……

生活中，类似这样为了逃脱不喜欢做的事而自残的并不是个案，孩子变成这样，何尝不是妈妈的"功劳"？将自己的愿望强加在孩子身上，强迫孩子去帮她实现；为了让孩子成龙成凤、光耀门楣，强迫孩子学习自己认为有用的东西……在"为孩子好"的信念支持下，妈妈们一直在伤害孩子，强迫他做不喜欢的事情。

在妈妈如此强权的"控制"下，一部分孩子逐渐失去了自己的个性，变得唯唯诺诺，完全没有自己的主见，只会麻木地顺从；还有一部分孩子通过伤害自己、伤害他人等极端行为来反抗妈妈对他的"强权统治"。即使孩子顺从了妈妈的意思去做自己不喜欢的事情，效果也不好。因为孩子对于自己不喜欢的事情通常不会投入多少关注度，如果硬逼着孩子去做，他就会逐渐出现磨蹭、注意力不集中、动来动去开小差等现象。最后，孩子不仅疲惫不堪，也达不到妈妈期望的成效。

要知道，兴趣才是最好的老师，如果孩子不喜欢，你怎么逼他都没用。我们都有过不能选择做自己喜欢的事情的时候，对那种痛苦我们感受很深，为什么现在还要让自己的孩子来承受这种痛苦呢？

老子提倡"无为而治"，我们对孩子的教育也应该这样，要顺应孩子自身的自由发展，尊重孩子的兴趣爱好，让他选择自己喜欢的事情做。这样，孩子会比平时更加投入，更加专心致志，也更加快乐。

最大限度地尊重孩子的兴趣、爱好

要尊重孩子的兴趣、爱好，就要给孩子适度自由选择的权利，让孩子能自主选择自己的喜好，即使他的兴趣、爱好与我们的期望有很大差距，我们仍然要支持、理解、鼓励他。在这方面，有位妈妈的做法就很值得学习。

> 这位妈妈是一位大学教授，在文学方面有很深的造诣，每个人都认为她会把自己的孩子培养成有名的作家。然而有一次，一位朋友到她家做客，正好听到教授在对孩子说："这是你做的糕点吗？真是太好吃了！"孩子高兴地说："是的，妈妈，我以后想做一名糕点师！"
>
> 朋友听到这里，以为教授一定会告诉孩子当糕点师不会有什么出息。没想到教授却回答："你将来一定会成为一位受人欢迎的糕点师的！"

> 朋友疑惑地问教授，为什么要支持孩子的这个"不务正业"的兴趣，教授回答："孩子在做糕点的时候，那种专注的神情，就好像罗丹对待自己的雕塑一样。我又有什么理由不支持他呢？"

这位妈妈任由孩子自由发展自己的兴趣、爱好，做自己喜欢的事情，使孩子的个性和兴趣得到了充分的发展，他变得更加专注、认真，做事情也能持之以恒。当然，我们支持、鼓励孩子兴趣的前提是，孩子的兴趣、爱好必须是正当的，而不是诸如抽烟、喝酒、打架等不良嗜好。

此外，我们还要善于发现孩子的兴趣、爱好，然后尽可能地为孩子创造条件，让他在自己喜爱的领域更加专注，从而能够"自由地翱翔"。

鼓励孩子在兴趣、爱好方面多做尝试

对于孩子的兴趣、爱好，要多一点引导和启发，我们可以鼓励孩子在兴趣、爱好方面多做一些尝试。许多孩子通常都不止有一个爱好，他兴趣广泛，什么都喜欢。这时，我们应该仔细观察孩子，看看他对什么真正感兴趣，哪方面的能力更强一些，从而引导和鼓励他多尝试、多接触这些兴趣、爱好，但一定不要逼迫孩子做出非常大的成绩，而是应该让孩子在兴趣的引导下自由而专注地做事。

还孩子一个自由、快乐的童年

都说现在的孩子很幸福,然而看看孩子越来越重的书包,越来越少的假期,越来越多的补习班、兴趣班……还能说孩子幸福吗?而且,并不是这样孩子就能如妈妈所愿地专注于学习,因为孩子本该自由快乐的童年正被各种各样的他不喜欢的事情所占据。而实际上,孩子对于不感兴趣的事情,从来都不会给予过多关注。

童年本该是一次愉快的旅行,然而我们却生生将孩子的童年变成了一场比赛,让孩子停不下脚步专注地做自己喜欢的事情。所以,为了让孩子快乐、自由地成长,我们应该弄明白孩子喜欢什么、适合什么,保持孩子的天性,根据孩子的兴趣培养他,而不是强迫孩子学这学那,坚持要把他培养成这个家那个家。

34 喜欢就做吧！
——不要干涉孩子做他喜欢的事

孩子通常很乐意做他喜欢的事，而且在做的时候专注力也会比平时高，然而遗憾的是，很多孩子都无法自由地做自己喜欢的事情，他们总是被妈妈逼着学这学那，做自己不想做的事情。

有些妈妈也许觉得干涉孩子做他喜欢的事没什么大不了，因为孩子还小，并不懂得什么才是对他真正有用的东西，所以需要我们去纠正他的喜好，将他导向"正途"。妈妈所认为的"正途"，就是对孩子今后的人生有帮助的事情。但是这些事情真的是对孩子有帮助的吗？比如不管孩子的喜好，为他报各种补习班、兴趣班；阻止孩子做她们认为没什么出息的事情，即使孩子很喜欢……

有个男孩从小就对各种各样的昆虫感兴趣，平时没事总喜欢趴在地上专注地看蚂蚁，或是从草丛里捉些小虫子回来专心地观察。自从上了小学，接触了自然课之后，他对昆虫的兴趣更加浓厚，总是非常专注地研究各种昆虫的习性和特点，但是他也常常为了观察这些小昆虫而弄得满身尘土。

一次，男孩偷偷带回了一只小甲虫，结果被妈妈发现，她一气之下将他好不容易捉回来的甲虫都给扔掉了，还对他说："你研究这些虫子有什么用？真是没出息！把学习搞好才是正事！"此后，妈妈特地为男孩报了英语班、奥数班，把他的时间安排得满满的，就为了阻止他出去研究昆虫。

很多妈妈都会犯这位妈妈的错误，看到孩子正在做一件她认为"不务正业"的事，就会不管不顾地去干涉、阻止，试图将孩子的喜好引导到她们认为正确的事情上。但是，妈妈这样的干涉行为只能引起孩子的反感，他不仅无法理解妈妈的"苦心"，还会认为妈妈不理解、不尊重他，甚至产生逆反心理，和妈妈对着干。

而且，妈妈如果总是干涉孩子做喜欢的事，容易使孩子的注意力发生转移，影响他的情绪，长此以往，可能会让孩子养成注意力不集中的坏毛病。如果我们能放开手脚，让孩子做他喜欢的事，才能充分发挥他的聪明才智，相信他也会更加专注，做得也会更好。

了解孩子的真正喜好

孩子真正喜欢什么，讨厌什么，很多妈妈都不知道。其实，要想知道孩子的喜好其实很简单，我们只需要在日常生活中仔细观察孩子，就能发现他喜欢什么，讨厌什么。比如，孩子平时没事总喜欢哼歌，那说明孩子喜欢音乐；孩子平时总喜欢到处涂鸦，说明他喜欢画画；孩子听到要上钢琴班就皱眉头或唉声叹气，说明他的兴趣并不在钢琴上……

只要我们平时留心观察，就能发现孩子的喜好，因为孩子在做自己喜欢的事情时通常都很专注。了解了孩子的真正喜好后，我们就不要再有意无意地去干涉他做自己喜欢的事情，也不要强迫孩子做自己不喜欢的事情。当然，我们更不能在明知道孩子喜好的情况下，强迫他放弃自己的喜好，或是强迫他去做他根本就不喜欢的事情。

无论孩子喜欢的事情在我们眼里多么荒谬，只要不是有违人伦道德、法律法规的坏事，我们都应该支持并鼓励，让他可以自由专注地做自己想做的事情。

不要随意打断孩子正在做的事

随意干扰孩子做他喜欢的事情，在有些妈妈看来是件很小的事情，又不会对孩子造成什么损失。其实不然，比如，当孩子正在自己的房间津津有味地看一本书时，我们一会儿端杯水进去，一会儿又拿块饼干给他……我们这样不时地干扰孩子，只会让他的阅读思路被强行打断，孩子的注意力也会因此受到影响。

因此，如果孩子专注地投入到他喜欢的事情中，我们一定不能随意打扰，要为孩子营造一个自由、安静的环境，让他可以专心致志地做自己喜欢的事。比如，我们尽量不发出声音，也不要在孩子专心做事的时候随意提出我们的意见，并要求孩子遵循。我们应该给孩子营造一个尽可能安静的环境，让他能集中注意力做事。

不要逼孩子做妈妈喜欢的事

很多妈妈总是罔顾孩子的意愿，强迫孩子做妈妈喜欢的事情，比如，有的妈妈喜欢跳舞，于是要求自己的孩子学习舞蹈，并希望他成为"舞林高手"；有的妈妈喜欢写作，于是强迫孩子每天写一篇作文或日记，非要让他写出令人满意的"大作"……

这些都是妈妈喜欢的事情，孩子不一定喜欢。如果妈妈非得逼迫孩子去做，长此以往，孩子只会越来越消沉，甚至连本来喜欢的事情都不再感兴趣。因此，我们一定要尊重孩子自身的喜好，并支持他自由地发展自己的喜好，做自己喜欢的事情。

35 你问得很好!
——利用好奇心培养孩子的学习兴趣

在孩子的眼中,整个世界都是新鲜而又令人惊奇的,他会缠着妈妈问这问那,期待妈妈给他解答。然而,很多妈妈由于工作或家务繁忙,总是用不耐烦的语气打断孩子的提问,或是三言两语,敷衍了事。

其实,这个时候正是培养孩子注意力和学习兴趣的好时机,孩子喜欢问问题,表现出对某些事的好奇心和关注,这证明他对这些事很有兴趣,孩子会在好奇心和兴趣的指引下进行探索,并自觉去探寻知识的奥妙。

通常,孩子在主动探寻的过程中专注力更高,所以有的孩子就多才多艺,并且能一直能坚持自己的兴趣爱好,还能小有成就。

但在生活中,却有两种情形存在:有的孩子在妈妈的引导下,保持了对事物的好奇和兴趣;而有的孩子则在妈妈的打压下,失去了探索的积极性和兴趣。

有个男孩特别爱问"为什么",总是有问不完的问题,幸运的是,妈妈总是会很耐心地对待他的每一个问题。

一次,男孩在客厅玩刚买的汽车玩具,小汽车的车尾有一根绳子,只要一拉绳子,汽车就能自己跑很远。

他觉得很惊讶,就喊妈妈:"妈妈快来看,为什么我一拉小绳子汽车就能动啊?"

妈妈放下手里的活儿,走过来和他一起研究这个小玩具,她对儿子说:"宝贝儿,你问得很好!不如我们把玩具拆开,看看里面究竟有什么秘密。"

男孩欢呼一声,高兴地和妈妈一起将小汽车玩具拆开了,他发现和绳子连在一起的是一个像弹簧一样卷得很紧的小铁皮条,一拉绳子它就会绷直,一松手它又恢复原状,卷成了一团,带动旁边齿轮的转动,齿轮又带动汽车轮子的转动。

他在一遍又一遍探寻小汽车的拉绳与轮子之间的联系时,妈妈也在旁边耐心引导他思考玩具的构造及原理。母子俩兴致勃勃地摆弄了两个小时玩具,在此期间,男孩的注意力一直高度集中,认真听着妈妈的引导,并主动积极地思考,从中学到了很多机械方面的知识。

好奇、好问是孩子的天性,我们要充分利用孩子的好奇心,激发他的学习兴趣,并提升孩子的注意力。那么,具体应该怎么做呢?

✈ 正确对待孩子充满好奇的提问

孩子因为好奇总是会提出很多问题,面对这些问题,有的妈妈会迫不及待地阻止:"行了,别问了!妈妈正忙着呢,你哪来这么多问题啊?"也有的妈妈因为回答不出孩子的问题,而选择随便捏造一个答案来欺骗搪塞孩子。久而久之,孩子会逐渐丧失好奇心,变得对什么都提不起兴趣。

对于孩子这些充满好奇的问题,我们一定要认真对待,即使有些问题让人无语、抓狂,也要极有耐心地立即回应孩子的问题。为什么是"回应"而不是"回答"?因为这个"回应"并不是让妈妈立即告诉孩子标准答案,而是要对孩子的提问有及时的反应,让他知道我们在认真听他说话。

然后,我们不妨像前面案例中的妈妈一样,引导孩子自己去探寻问题的答案,启发他主动思考、研究问题。这样才能更好地引发孩子学习的兴趣，并通过他的自主学习提升其注意力。

✈ 不要限制孩子对周围事物的探索

孩子对自己周围的很多事物都感到好奇，他对周围事物的探索，是为了将不懂的事情都弄个明白。然而孩子在探索周围的事物时，总是受到我们的阻止。长此以往，孩子不管做什么事都很容易放弃，对某件事情的专注力也就会随之降低。

我们何不引导孩子大胆尝试，让孩子在探索中成长呢？我们可以鼓励孩子去探索周围的新事物，当他觉得害怕时，我们可以告诉孩子："宝贝儿，没事的，妈妈和你一起试试！"我们的鼓励让孩子在快乐的探索中越来越自信，自主性也越来越强，专注力就会更高。

当然，我们在鼓励孩子探索的同时，也要教给孩子必要的安全知识和防护方法，以防止不必要的伤害，比如，我们一定要告诉孩子玩火、玩插座这类危险的探索活动是决不能做的；还要告诉孩子遇到火灾或其他危险情况时应该如何应对……

✈ 带孩子多接触大自然

一些新奇、富于运动变化的事物，总是能最大限度地引起孩子的兴趣，吸引他的注意力，而所有这些新奇、有趣的事物都能在大自然中找到。因此，我们可以带孩子多接触大自然，让孩子发现世界的广阔和奇妙，让他在这种新奇与赞叹中主动学习各种知识，以便更好地认识和了解自己所生活的世界。

当然，孩子在探寻未知的新事物时，总会有很多疑惑、很多问题，我们一定要认真、耐心地对待孩子的问题，引导孩子主动思考和寻找答案，这样他的注意力也就会更集中。

有些例外情形也要特别注意

孩子的问题多种多样，但有的问题并不一定要求妈妈作出精确的回答，他只是想获得一种满足感，希望得到妈妈的重视。所以，当孩子总喜欢追着妈妈说话，问一些无聊的问题时，妈妈要反思，最近是不是冷落了孩子，应抽出时间来多陪陪他，满足他被重视的愿望。

还有，妈妈要尽可能少主动去问孩子尤其是三四岁的孩子"为什么"，问得越多，他就"思考"越多，这种"思考"显然在助长他的"思辨"能力。如果孩子在幼儿阶段就有强大思辨能力，反而会影响他成长，他会对一些问题找很多"借口"，会影响他的吸收力。所以培养思考力或兴趣点要把握度，过犹不及，要针对不同年龄的孩子分别培养。

36 这次做得真不错!
——及时赞美孩子的每一个进步

如果我们留心观察,会发现这样一个现象:如果善于发现孩子的每一个小进步,并经常表扬和鼓励孩子,孩子会觉得很高兴、激动,学习的劲头也会更足,做起事情来会更专注,更有信心和耐心,获得成功的概率也更大。遗憾的是,很多时候,我们都会忽略孩子的小小进步,只关注孩子最终有没有获得成功。

有个女孩很羡慕能写一手好字的人,于是央求妈妈为她报了一个书法班。她每次练习书法都很专注、认真,虽然刚开始入门的时候字写得不好看,但她每天都在进步。书法班的老师认为,不出1年,她一定能写出一手好字。

然而妈妈却不这样认为,每次学完书法回家,妈妈都会让她再写一遍,在妈妈看来,女儿写的字真是太难看了,写的时

> 候手还抖个不停，每次看完女儿写的字后，妈妈总是会批评她写得不好。女孩觉得很委屈："老师都说我有进步了，为什么妈妈总是不满意呢？"
>
> 久而久之，女孩对学习书法越来越没有兴趣，她开始"破罐子破摔"：反正我怎么努力妈妈也不会满意，我也懒得认真写了。于是，她练习的时候越来越不专心，只想着快点写完去做别的事，写出来的字自然也越来越差。

同样都是面对孩子稚嫩的书法作品，另一位妈妈却有截然不同的态度：

> 她的儿子从小就开始学写毛笔字，他写的每一张"作品"，包括第一张写得歪歪扭扭的"作品"，都被妈妈收藏起来。而且不管他写得好不好，妈妈总会在他写的字下用红笔画个圆圈，并告诉他："你今天写得比昨天好多了！"
>
> 妈妈的赞扬让儿子逐渐喜欢上了书法，并更认真专注地学习书法，而他的书法水平也在不断地提高，最终获得了全国青少年书画大赛的大奖。

同是学习书法，两位妈妈对孩子截然不同的评价，造成了两个孩子截然不同的结果。

女孩的妈妈带着急功近利的心态，希望孩子书法技艺尽快达到她所期望的高水平，因此无视孩子的努力和每一个细小的进步，对她的表现总是不满意，导致孩子对书法失去了兴趣，对自己失去了信心，也没了耐心，当然专注力也无影无踪了，也就不愿意再学习下去。

男孩的妈妈则注意到了孩子付出的努力和他在学习过程中的每一个进步，并及时赞扬、鼓励孩子，因此孩子保持住了对书法长久的兴趣和专注力，最终写得一手好书法。

很多孩子喜欢画画，是因为妈妈喜欢看他画的每一样东西；很多孩子喜欢学习，也是因为妈妈关注的不是考100分，而是他的每一次进步……

我们及时发现并赞扬孩子的每一个进步，能影响他做事的态度，让他做事更专注、更坚持。既然这样，我们为什么不去留心关注孩子的每一次进步呢？

对孩子的期望不要太高

很多妈妈对孩子抱有太高的期望，她们关注的是孩子离自己的预期目标有多远，因此，她们很难发现孩子细小的进步。这些妈妈通常对孩子要求严格，希望他能专注于学习，并取得令人满意的成就。

然而事与愿违，孩子在这样的高压下，非但没有变得出类拔萃，对事情的兴趣也越来越低，注意力越来越涣散，最后离妈妈预期的目标越来越远。所以，我们首先要转变自己功利的心态：并不是给孩子报了兴趣班或孩子对什么事情有兴趣，就一定要取得好的成绩。我们要做的只是从旁引导和鼓励，让孩子的专注力持续得更久。

当我们这样想时，说明我们对孩子的期望变得更合理，当我们不再用严苛的标准要求孩子后,会惊喜地发现,他身上其实有很多闪光点,他每时每刻都有进步。

不要随便拿自己的孩子和别人比较

> "你可真笨!你看看邻居家的×××,学习怎么比你强那么多?你好好跟人学习学习!""你看看姗姗,人家也是4岁开始学钢琴,现在都过6级了,你还在这儿过4级,你好意思吗?"……

很多妈妈喜欢拿自己的孩子和别人进行对比,以此激励孩子更专注、努力地学习,殊不知,这样的比较让孩子更难专心学习。

这些刺激的话语容易让孩子对别人产生嫉妒和愤恨的心理,注意力更不愿放在学习上,而是放在了关注他人上。这不是起了反作用吗?其实,我们没必要拿孩子和其他人比,只要看下孩子和以前比是否有进步,或者这段时间是不是比以前更努力、刻苦。

只要孩子比以前进步,哪怕这个进步非常微小,我们都要赞扬孩子的努力和上进,孩子感受到了我们对他的认可和激励,便能认真、专注地学习和做事。

善于发现孩子的优点,多鼓励,少打击

在有的妈妈看来,只有学习好才是优点,其他都不值得夸奖。其

实，孩子棋下得很好、舞跳得很棒、球踢得不错、心地善良、乐于助人……这些都是优点，如果我们能及时发现并积极鼓励、帮助孩子发展这些优点，他一定能更加专心做事，更加健康快乐地成长。

此外，当孩子不愿意再坚持下去时，我们也要多鼓励他，而不是打击、责骂他，那会让孩子失去信心，更不愿继续投入自己的注意力。我们要让孩子明白，没有人是一步登天的，每个人都需要经过不断的坚持和努力，才能获得成功。

37 就知道瞎折腾！
——不要亲手毁掉孩子的兴趣

在教育孩子的时候，很多妈妈都会有意无意地将自己的意愿强加在孩子身上，比如，有的妈妈为了让孩子将注意力集中在学习上，就将孩子所有的兴趣都掐灭在了萌芽状态：孩子喜欢听歌，就直接将随身听没收锁进抽屉；孩子表现出喜欢下棋，也会千方百计阻止他接触……总之，凡是对学习成绩没有帮助的兴趣，全都会干扰阻止。

还有一部分妈妈则是为了让孩子比别人学的更多，掌握更多知识和技能，在没考虑到孩子的性格和爱好的情况下，逼迫孩子参加各种学习班和兴趣班，比如，给孩子报奥数班、英语班、钢琴班等，只希望孩子将来能成为琴棋书画样样精通的全才。

然而事与愿违，孩子最后可能一事无成，正如孔子所说："知之者不如好之者，好之者不如乐之者。"对于学习来说，了解怎么学习的人，不如爱好学习的人，而爱好学习的人，又不如以学习为乐的人。要想孩子学的好，还得他自己喜欢学，乐意学，也就是得让孩子自己有兴趣。

来看看这位妈妈的悔悟：

儿子才刚上一年级，可为了不让他输在"起跑线"上，我一点都不敢放松，每天回家都要求他把当天学过的课文背诵一遍。儿子每次都背得磕磕巴巴，学习成绩也总是中等偏下。然而，他对象棋却有着非同寻常的热爱，特别喜欢蹲在小区或公园专注地看别人下象棋，一看就是一两个小时，每次都得我过去把他骂走。

其实儿子下棋非常有天赋，看得多了，他自己也会下了，就经常和小区或公园里的大叔大爷们下几盘。久而久之，他练就了一身下象棋的本事，他可以不看棋盘同时和两个人下棋，而且大获全胜，对于这两盘棋的每一步棋路他都记得一清二楚。虽然他在背书上没什么天分，但背起棋谱来却又快又好。

然而，我一开始却没发现他这方面的天分，每次看到他在观看别人下象棋，或是跟别人下象棋时，都会不分青红皂白地一顿训斥："就知道瞎折腾，你要是学习也有这么认真我就不用担心了，走，回家看书去！"

为了让儿子更专心地学习，我甚至为他报了好几个补习班，并且规定他每天必须几点回家，让他再也没有时间和别人下象棋。

即使如此，儿子的学习成绩仍然和以前一样，并没有什么长进。现在看来，是我做错了，没有意识到儿子的兴趣所在，在象棋方面阻挡了他进步的道路，我真后悔。以后我一定努力去发现孩子的天分，不再想当然地去禁止他做自己感兴趣的事。

如果这位妈妈懂得鼓励和培养孩子的兴趣，让他坚持下去，也许能培养一个象棋高手，甚至是成就一位象棋大师，然而妈妈却为了孩子的学习亲手毁掉了孩子的兴趣。

其实，只要孩子的兴趣能坚持下来，对他的未来一定有很大益处，他甚至还有可能成为某个领域的专家。所以，一定要正确对待孩子的兴趣。

允许孩子"拆拆装装"

孩子总是希望通过亲手触摸、拆装东西来满足自己对这个世界的好奇和探索，这也表现出孩子对一件事的极大兴趣。而且他在拆装的过程中，需要集中注意力才能完成这项任务，这就无形中提升了他的专注力。可是有的妈妈却亲手毁掉了孩子的这个兴趣。

一次，著名教育家陶行知先生的一位朋友告诉他，自己的孩子把一块新买的金表给拆坏了，她很气愤，狠狠地揍了孩子一顿。陶行知一听，连连摇头："你这是打掉了一个'爱迪生'啊！"他立即去了朋友家，把朋友的孩子请了出来，带他去修表店找人修那只被拆坏的金表。

修表需要1.6元钱，孩子很认真地看着修表师傅怎么把表拆开，然后再将零件一个个装上。这一个多小时里，孩子一直很专注地看着师傅修表。陶行知不禁感慨："钟表店是学校，修表师傅是老师，1.6元钱是学费。在钟表店看一个多小时是上

> 课，自己拆了装、装了拆是实践。做父母的与其让孩子挨打，还不如付出一点学费，花一点功夫，培养孩子好问、好动的兴趣。这样'爱迪生'才不会被赶走和打跑。"

正如陶行知先生所说，我们与其让孩子挨打，不如花一点心思培养孩子好问、好动的兴趣。孩子喜欢拆拆装装，我们就应该允许他的这种动手行为，毕竟物品的损失是有限的，但如果打掉了孩子的兴趣和注意力，那对孩子的损害就是不可估量的。

不要让兴趣班扼杀了孩子的兴趣

让孩子能在兴趣班专业、系统地学习自己感兴趣的东西，这不是坏事，但很多妈妈为了让孩子多才多艺，一次给孩子报很多兴趣班，让孩子应接不暇，每天忙得跟陀螺一样。而且，很多"兴趣"还不是孩子真正的喜好，只是因为妈妈觉得这个"兴趣"有前途，就擅自替孩子决定了上什么兴趣班。

即使孩子原本很感兴趣，在妈妈的高压、高期待下，也很难坚持自己的兴趣和喜好，很难集中注意力去学这些东西。到头来孩子仍然显得"资质平庸"，凸显不出任何惊人的才艺。其实，我们为孩子报兴趣班前，应该先征求孩子的意见，根据孩子的真正喜好来报，这样孩子才能更专心地学习。

再者，兴趣班也不宜报得太多，报太多让孩子没有可以自由支配的时间，也会引起他的反感。"贪多嚼不烂"，一下子学太多，孩子也不好消化，要根据孩子的接受能力来报，而且要为他预留出自由支配和活动的时间，这样兴趣班才不会成为扼杀孩子兴趣的"帮凶"。

别让补习班阻碍了孩子的兴趣发展

妈妈为了让孩子的学习能更上一层楼，给他报了好几个补习班，就像前面案例中的妈妈一样，完全无视孩子的兴趣，可结果呢？孩子的学习成绩仍然不尽如人意，而且还阻碍了他了解和选择更多的兴趣，也限制了他的发展。

其实，给孩子报太多的补习班只会加重他的学业负担，如果他的生活中只有补习班，那他的生活会显得太单一，这样孩子更容易被外界的各种事物诱惑，也就更无法专注于学习。孩子爱听歌、爱画画、爱踢球，这都是很正常，也是很健康的爱好，我们大可不必过于紧张。剥夺他的这些爱好，只为给孩子上补习班腾出时间得不偿失。

可以鼓励孩子在写完作业后听听音乐，这可以让大脑得到充分的休息，以便更专注地投入到下一步的学习；也要鼓励孩子多出去做做运动，踢踢球，这有利于孩子的身心健康，毕竟拥有健康的体魄才能更好地投入到学习中；当然，孩子想要发展摄影、画画、舞蹈等学习以外的兴趣，也要给予鼓励和支持，而不是用补习班来代替这些兴趣班。

38 欢迎妈妈吗?
——与孩子一起做他感兴趣的事

我们在和孩子相处的过程中,会发现孩子的兴趣与我们是有很大差异的。虽然如此,如果我们能关注孩子的兴趣,甚至与孩子一起做他感兴趣的事,这对孩子来说无疑是一种对他的认可和支持,孩子也会因为我们的这种行为而更专注地对待自己正在做的事情。

虽然有的妈妈会支持孩子的兴趣,但很少有人会与孩子一起做他感兴趣的事。事实上,这种方法更直接有效,我们的参与拉近了与孩子之间的距离,也让孩子做事更加专注,何乐而不为呢?

> 有个女孩很小的时候就对天文很感兴趣,特别喜欢研究星座,她经常晚上出去看星星,一看就看很久。妈妈见她对星星那么感兴趣,特地找资料研究了一番,晚上陪着她一起出去看星星。母女俩经常一起讨论各个星座由哪些星星组成、都是什

么形状等话题。

为了能与妈妈聊更多有关天文的话题，女孩更加认真地翻阅资料，这样一来，无形中也增长了自己的天文知识。

后来，女孩考上了国外的一所名校读天文学专业。虽然妈妈和女儿不在一起了，但她仍然会想方设法地让孩子感受到她的支持。每当她发现报纸或杂志上有关于天文知识的报道及文章时，都会剪下来，传真或邮寄（当时的信息传送还没有今天这么便利发达）给女儿。

妈妈的举动让女儿很感动，她把这些资料都细心地收藏起来，时刻激励自己不断努力学习……

相信很多妈妈在看到孩子夜晚出去看星星的第一反应就是斥责孩子："这么晚了还不睡，出来看什么星星啊？明天还得上课呢，赶紧回去睡觉！"孩子的兴趣就被妈妈给浇灭了，才气也被扼杀了。

谁能说案例中的女孩最后取得的成绩与妈妈的教育没有关系呢？正是因为妈妈不管多忙多累，都会与孩子一起做她感兴趣的事，让她感受到了妈妈对她兴趣的支持和鼓励，她才能专注地坚持到最后，并考上自己心仪的专业。

很多妈妈抱怨自己经常陪孩子一起做事，但没有得到自己想要的效果。事实上，妈妈都在陪孩子做他并不感兴趣的事情，这又如何能让孩子作出成绩呢？还有的妈妈觉得自己没时间与孩子一起做事。其实，我们只要能多与孩子一起做一些他感兴趣的事情就可以了，并不用天天做，时间一定能挤出，只是我们很多妈妈不愿意而已。

比如，只要我们下班回家少看一会儿电视，少玩儿一会儿手机，就能与孩子一起画画，与孩子一起唱唱歌，与孩子一起学习、探讨，或是与孩子一起看场演出、看场比赛……这些其实都不用花费我们多少时间，而且因为我们的参与，孩子会更加投入，也会更加快乐！

那么，我们应该怎样陪孩子一起做他感兴趣的事情呢？

善于从生活点滴捕捉孩子的兴趣点

要捕捉孩子的兴趣点其实很简单，只要我们平时留心观察，发现孩子的点滴快乐，就找到孩子的兴趣点了。比如，当孩子快乐而又认真地画画时，当孩子专注地下棋时，当孩子看一本故事书看得哈哈大笑时……孩子这些欢快的片段告诉我们，孩子喜欢画画，喜欢下棋，喜欢看故事书等。这时，我们可以陪孩子一起画画，一起下棋，一起看书，和他一起欢笑，而不是用粗暴的态度打掉孩子的兴趣，让他去写作业或复习功课。

尽量满足孩子"陪陪我"的要求

很多时候，孩子对我们发出"陪陪我"的请求时，都被我们以没空为由拒绝了，久而久之，孩子再也不会邀请我们与他一起做他感兴趣的事，我们也离孩子的世界越来越远。

当孩子希望我们陪陪他时，我们不要将自己的负面情绪发泄在他身上，也不要利用和他在一起的时间教育他，应该尽量满足他的这个要求，陪他一起玩耍。

与孩子一起探索、学习

孩子对周围的一切都感到好奇，他喜欢去探索，也喜欢问我们为什么。基于对孩子的安全考虑，很多妈妈总是阻止他的四处探索，其实，与其阻止孩子，不如和孩子一起探索，这样既保证了孩子的安全，还能培养孩子的兴趣，让孩子更专注地投入到探索活动中去。

对于孩子那些稀奇古怪的问题，我们也大可不必紧张，不要担心自己答不好或答不出来，我们可以和孩子一起探索、学习，和孩子一起去查资料，从中寻找答案。在与孩子一起学习的过程中，不仅孩子增长了知识，我们也增长了知识。

而且，孩子看到我们遇到不懂的问题会查阅资料，当他以后遇到问题时，也会主动查阅书籍、资料，他的学习兴趣也会慢慢增强，当然也就更能集中注意力了。

39 咱们做个游戏吧！
——与孩子一起做提升注意力的游戏

孩子做事情有个很大的特点，那就是注意力不稳定，易分散，尤其是对自己不感兴趣的**事情**，更是不会投入注意力。其实我们在日常生活中就能发现，孩子**面对自己**感兴趣的游戏时，通常会很专注，专注到妈妈跟他说话都听不见。

一位心理学家曾做过一个实验：

> 他让孩子在游戏和单纯完成任务这两种不同的活动方式下，把各种颜色的纸分别装进与之同色的盒子里，并观察孩子的专注时间。结果他发现，在单纯完成任务的情况下，4岁的孩子能坚持17分钟，6岁的孩子能坚持62分钟；而用游戏的方式装纸条，4岁的孩子能坚持22分钟，6岁的孩子能坚持71分钟，而且分放的纸条数量比单纯完成任务要多50%。

这个结果告诉我们，游戏能引起孩子极大的兴趣，同时也能让他的注意力更加集中、稳定。因此，我们可以与孩子一起多开展一些游戏活动，通过游戏来提升孩子的注意力。

一位妈妈跟女儿就是通过做游戏提升注意力的：

> 女儿刚上一年级，老师总是跟妈妈反映她上课注意力不集中，经常开小差。为了提高女儿的注意力，妈妈想了一个办法，就是经常和她一起玩"注意看"的游戏。游戏很有趣，妈妈手里抓着几支不同颜色的彩笔，然后晃动自己抓笔的手，问女儿自己手中的彩笔有哪几种颜色。
>
> 开始的时候，妈妈晃动的速度比较慢，让女儿有足够的时间去注意看她手中的彩笔，后来，妈妈的速度越来越快，到最后只是一眨眼的工夫。刚玩这个游戏的时候，女儿总是说得不准确，渐渐地女儿注意力越来越集中，说的也越来越准确。
>
> 这个游戏妈妈经常和女儿玩，在这个游戏中，女儿做事的专注力无形中得到了提升，这使得女儿不管是在课堂上听课，还是在家写作业，都越来越专心、认真。

可见，孩子如果想在游戏中取胜，就必须努力集中自己的注意力，克制自己不让注意力分散，这样获胜的概率才会更高。所以我们平时可以鼓励孩子多玩一些提升注意力的游戏，也可以像案例中的妈妈那样，与孩子一起玩提升注意力的游戏。

激发孩子游戏的兴趣

兴趣是保持注意力的重要条件之一，对于自己不感兴趣的游戏，孩子注意力肯定不能很好地集中。再益智的游戏，如果不与孩子的兴趣相结合，也无法收到预期的效果。所以，我们一定要激发孩子游戏的兴趣。

我们可以先给孩子做个示范，引起他对游戏的好奇心，这时，孩子自然会和我们一起游戏。当然，孩子的专注力不强，同一个游戏他也许玩一会儿就厌倦了，这时正是我们培养孩子注意力的好时机，我们应该如何做呢？

比如，我们正在和孩子用积木搭房子，但是孩子很快就烦了，这时，我们可以用积木摆个小火车或是其他图形，然后对孩子说："宝贝儿，快看妈妈摆的小火车，好长好漂亮啊！""快看啊！这是什么图形啊？怎么这么有趣呀？"……这样，就能重新引发孩子游戏的兴趣，吸引他的注意力，让他能持续更长的时间，比较专注地玩一种游戏。

通过这种训练，孩子做事的专注力就能得到提升。

尽量为孩子提供游戏条件

要想让孩子游戏的时候集中注意力，就要有丰富的游戏材料、有趣的游戏内容，还要有自由的游戏氛围，而这些也是我们要为孩子提供的游戏条件。

首先，要为孩子提供游戏材料，因为游戏材料是诱发游戏主题、丰富游戏情节、促进游戏发展的主要动因之一，如果游戏材料功能太单一，孩子只能进行简单的重复操作，那么他很快就会对游戏失去兴趣，当然也不会提升注意力。

因此，为孩子提供的材料应该是具有开放性、可替代性的，比如，一些可以反复使用的半成品材料，像糖果纸、火柴盒、冰棒棍……这些都是能反复使用的半成品材料。孩子可以根据游戏情节的需要、主题的发展，自由选择材料，这样孩子玩起来更有趣，不仅专注力有所提高，想象力和创造力也能提升不少。

当然，给孩子提供的游戏材料、游戏内容要根据孩子的年龄特点，由简单到复杂，这样才能满足孩子不同阶段的需要。

还要注意给孩子一个轻松自由的游戏氛围，与孩子一起玩游戏的时候也要保证孩子是游戏的主角，我们是配角，不能指手画脚地指挥孩子，给他太多限制，而是应该在保证孩子安全的前提下，让孩子想怎么玩就怎么玩，我们只需要配合他就行了。这样孩子就能充分集中注意力去思考怎么玩游戏，专注力也会随之提升。

与孩子玩游戏的时间不要过长

正所谓物极必反，适当延长游戏时间能提升孩子的注意力，但是如果玩的时间过长，就会让孩子觉得坐立不安、厌恶、烦躁，这时我们可以带孩子出去走走，让他休息一会儿，或者适度调换游戏的内容，这对提高孩子的兴趣和注意力也很有帮助。

40 注意休息哦！
——教孩子学会交替学习，合理用脑

所谓交替学习，是指孩子在学习过程中，在一定的时间内轮番学习各门学科，而不是长时间只抱着一门学科啃。

科学家研究发现，人的大脑左右分工不同，左半球侧重于逻辑与抽象思维，而右半球侧重于形象思维。像数学、物理等学科，主要使用的是大脑的左半球，而语文、英语等学科使用的是大脑的右半球。

孩子长时间学习一个科目，大脑会很容易疲劳，会出现困倦、头昏等生理症状，心理上也会产生厌倦和抵触情绪，如果这时候继续学习下去，效果一定会大打折扣。这时候，孩子需要的就是交替学习，换另一门新的学科学习，这样大脑又能处于最兴奋的状态，注意力也不会因为大脑的疲劳而分散。

吉林省实验中学的刘泽汀同学曾以内地第一名的优异成绩

被香港科技大学录取，并获得该大学40万港元的全额奖学金。当记者问他有什么好的学习方法时，他告诉记者，他的有效学习方法就是交替学习法。

他的课桌上从来不会只放一门学科的书，而是放四五门学科的书，每隔20分钟，他就会换一门学科学习，从来不会长时间只学习一门学科。遇到难题，他也会集中注意力，争取在半小时内解决，如果在这个时间内没解决，他不会继续纠缠下去，而是在交替学习了一个循环或休息之后，再回来做那道难题。

刘泽汀一直坚持这样交替学习，即使某一科第二天要考试，他也不会改变计划集中精力攻克这一门学科，而是依然保持各学科轮番交替地学习。正因为如此，他的各科成绩都很均衡，不管什么时候考试都能应付自如，极大地掌握了学习的主动性。

刘泽汀之所以能以优异的成绩考入理想的大学，与他交替学习的学习方法有很大关系，正是因为他懂得合理用脑，把握住了注意力最集中的那20分钟，才能取得这么好的学习效果。

这种交替学习的方法很值得借鉴，尤其是孩子上初中后，学科一下子增加了很多，学习难度也比以前提高了很多，如果孩子学会并坚持用交替法学习，就能避免在学习中顾此失彼的情况出现。

我们要教孩子学会合理用脑，懂得交替学习各门学科，这样才能让孩子在学习上起到事半功倍的效果。

切勿让孩子一味地与难题较劲

> 有个男孩学习非常刻苦，他常常花两三个小时专门思考演算数学习题。因此，在老师和同学的眼中，他是个很努力的学生，把时间都花在学习上了。然而，即使他花在学习上的时间比别的同学多得多，但他的成绩却仍然不太好，而且一直也没有进步。
>
> 为此这个男孩很苦恼，为什么他那么努力，成绩却不如学习时间比他少的同学？

很多孩子都有类似的困扰，他们学习都非常努力，通常对着一道数学难题能思考演练一两个小时，但成绩却总是上不去。难道孩子真的比别人笨吗？其实不然，俗话说得好："用死劲不如用巧劲。"孩子有执著的精神是好事，但如果一味地与难题较劲，一味地与一门学科较劲，肯定收不到好的学习效果。因为较劲的时间长了，孩子大脑会非常疲惫，注意力就容易分散，没那么集中，学习的效率也会降低。

其实，我们不妨引导孩子像刘泽汀那样，遇到难题全神贯注地解答20分钟，如果还做不出来，就不要纠缠，先缓一缓，等交替学习了一个循环或休息之后，再来重新解题，也许到时孩子会觉得柳暗花明、茅塞顿开。

指导孩子按大脑工作规律分配注意力

科学家发现了一个用脑的最佳时期，也就是我们的脑细胞处于高度兴奋状态的时期。在这段时间里，大脑接收信息、整理信息的效率都比其他时间高。如果孩子能在这段时间学习，不仅注意力比平时更集中，学习效率也会更高。

当然，这个最佳用脑时间是因人而异的，有的孩子早上比较清醒、活跃，而有的孩子则是晚上最兴奋。我们可以让孩子在大脑最兴奋活跃的时候，学习对自己而言难度比较大的学科，当大脑变得疲劳迟钝时，去学习一些相对轻松的学科。这样就能集中注意力，有效地利用时间，取得比平时更好的学习效果。

要注意的是，交替学习有相应的时间限度，并不是说每隔10分钟就让孩子换一科学习，时间间隔太短也学不到什么东西。一般来说，把握在30分钟左右为宜，在这段时间里，孩子的大脑专注力会更强一些。

让孩子做到劳逸结合，放松大脑

人的身体和大脑就像一部机器，如果连轴转，肯定会产生疲劳、消沉的感觉，甚至会对身体造成伤害，劳逸结合就是给人缓冲、调整的时间。休息、放松并不是浪费时间，而是为了让孩子更好地利用时间，从而提高学习效率。

可以让孩子在复习功课的时候，每门学科复习30分钟左右，中途可以休息5~10分钟，听一听音乐舒缓大脑的疲劳，然后再接着复习另一门学科。连续学习了两个小时后，就可以到户外休息、活动，呼吸新鲜空气、看看风景、做做运动……让大脑得到充分的休息、放松，以便能更专心地迎接接下来的学习。

41 妈妈提醒你一下！
——要让孩子明确注意对象

有这样一个有趣的心理测验：

> 40位著名的心理学家正在德国的一个小镇开会，突然，一个村民大声呼叫着冲进了会场，紧接着，一个光头、穿着黑色短衫的黑人手持一把枪追了进来，两个人在场内激烈地打斗起来。看到这种情景，心理学家个个都吓得目瞪口呆。
>
> "嘭"的一声枪响后，村民和黑人又迅速地跑了出去。整个过程只持续了20秒钟，这时，会议的主持人安抚心理学家："大家不要惊慌，这只是一个心理测试，现在请大家把刚才看到的尽可能详细地记录下来。"
>
> 从心理学家交上来的材料可以发现，他们在回忆这一事件时出现了很多错误。在这40名心理学家中，只有4名记得黑人

> 是光头，其余人甚至连黑人所穿短衫的颜色都不记得。最后统计表明，大部分人的错误率为20%~50%，只有一个人的错误率低于20%。

为什么这些著名的心理学家会出现这么大的失误？因为他们没有确定自己应该注意哪个人，或是注意哪样东西，也就是说，他们没有特定的注意对象，才有这么高的错误率。这很正常，人们总是很容易忽视自己周围的很多事情，孩子也是一样。

比如，从学校到家里的这段路，孩子每天都要走起码两遍，但是如果我们问他："一路走来，你会经过哪几个路口？"孩子多半答不出来，甚至我们问他："从我们家到邻近的那栋居民楼中间有几棵树？"孩子也说不清楚。

孩子的这种"熟视无睹"，正是因为他没有明确的注意对象。可能有的妈妈认为，孩子的这种"熟视无睹"并不能给他造成什么实质性的伤害。其实不然，一旦孩子习惯了这种忽视，在遇到需要他认真对待的事情上，也容易开小差，极易被其他事情分散注意力，导致孩子做事漫无目的，最后一事无成。

有的孩子之所以能又快又好地高效率完成作业，就是因为他明确了要注意的对象——作业，而不是玩具或电视，因此他不会开小差，也不会东摸西摸、东想西想，只是专注地完成作业，速度自然也比别人快很多。

因此，我们要注意提醒孩子，让他明确自己的注意对象，比如学习的时候，提醒他明确当前的注意对象是课本，避免他将注意力分散到游戏、电脑等其他事物上。当然，在孩子玩的时候，我们也要提醒他，目前他的专注对象是游戏，而不是在玩的时候还想着难解的数学习题。这样才能保证孩子学的时候专心学，玩的时候痛快玩。

引导孩子将无意注意转换成有意注意

前面曾提到过"无意注意"，也就是没有预定目的，也不需要意志上的努力的注意，它是一种自然而然发生的注意。比如，孩子正在专心写作业，突然看到妈妈拿着一个新款机器人玩具过来，孩子就会不由自主地将注意力转移到玩具上，这就是无意注意。但是这个时候孩子需要的应该是有目的的注意，这样孩子才能努力克制住诱惑，仍然将注意力集中在写作业上。

可见，无意注意并没有明确的目标，容易引起孩子注意力分散，但如果能训练孩子有意注意，让孩子有明确的注意目的和对象，他的注意

力就会更集中，而且通常目的性越强，孩子的注意力也会越集中。

孩子的无意注意并不会自行转换成有目的的注意，这需要我们在平时的生活中加以引导。比如，我们指某样东西给孩子看，或是让孩子指出一幅画中的小熊在哪里、老虎在哪里……这都是在引导孩子将无意注意转为有意注意。

平时带孩子出去游玩时，孩子通常没有特定的注意对象，总是漫无目的地乱看一气，一会儿被这个吸引，一会儿又被那个吸引。这时，我们也可以稍加引导，让孩子的注意力更集中。比如，带孩子去动物园看动物时，我们可以引导孩子仔细观察猴子的外形特征、喜欢吃什么、喜欢玩什么等，孩子有了特定的注意对象，也就能更加集中注意力。

关于无意注意，在后面的章节中还会详细讲述。

教孩子一些明确注意对象的技巧

要让孩子明确注意的对象，就要教他一些注意的技巧。可以教孩子拟定注意的对象、任务、步骤和方法，让孩子能有计划地进行观察、注意，这样孩子的注意力也就更集中。

比如，可以鼓励孩子自己种一盆花，每天注意观察它的变化，并将之写在日记中，如此一来，孩子既明确了自己的注意对象，又能根据我们提出的任务，有计划、有步骤地集中自己的注意力，关注身边的事物。

要注意的是，让孩子关注的事物应该从简单到复杂，关注的范围应该从小到大，关注的时间也应该从短到长，这样有计划地指导孩子注意身边的事物，才有利于逐渐提高他的专注力。

此外，还可以教孩子将注意力与思考相结合，因为只注意而不懂得思考也不会有新奇的发现。我们要让孩子在关注一件事的同时，不要忘了积极思考，这样孩子才能更有目的和针对性地集中注意力。

善于提问，引导孩子有针对性地集中注意力

孩子通常很难集中注意力关注某件事物，总是漫无目的地看看这个，看看那个，注意力也很容易分散。比如，我们带孩子逛完公园后，问孩子公园有些什么东西时，孩子往往回答得不尽如人意。但是，如果我们能在逛公园的时候，用提问引导孩子有针对性地注意，孩子对所看到的事物印象更深刻，自然能回答得更好。

比如，可以问问孩子"公园里的湖泊大不大？""湖泊周围的景色优不优美？""在湖泊上划船好不好玩？"等等，这些问题详细、具体，有针对性，能让孩子一下就抓住注意的重点，他的注意力也就会更集中。

第七章

Chapter7

妈妈理解，我心里也很难受！

——重视调适孩子的不良情绪

情绪是重要的非智力因素。积极的情绪会带给孩子良好的心境，使他心无杂念，从而更好地学习；而焦虑、恐惧、紧张等不良情绪，则会干扰孩子的正常认知，导致注意力不集中。所以，对孩子注意力的培养，我们也要重视他的情绪调节，教他保持良好的情绪。

42 有什么事跟妈妈说！
——孩子忧郁，及时关爱和引导

忧郁，即忧愤烦闷的意思。忧郁以情绪低落为特征，主要表现为闷闷不乐、情绪低落，或者对生活失去激情，对未来失去希望，甚至悲痛欲绝。另外，忧郁的人还可能出现对日常生活丧失兴趣、精力明显减退、自信心下降、失眠或睡眠过多、食欲不振、思考能力下降、难以集中注意力等症状。

有的妈妈认为忧郁是成年人才可能有的表现，其实不然，孩子也会产生忧郁情绪，这种情绪也会影响他的注意力。

最近一段时间里，妈妈工作非常忙，再加上与同事产生了一些小矛盾，一连好几天心情都不好。这几天下班回家后，妈妈都不怎么说话，只是草草地做好晚饭，偶尔叮嘱上四年级的女儿好好学习，然后就只是闭着眼睛坐在沙发上沉浸在自己的思考之中。

后来，妈妈和同事的关系有了缓和，刚好那段紧张的工作也告一段落，她的心情稍微平复了一些。这时她才发现，女儿这几天也显得闷闷不乐，不仅如此，老师还打来电话，说女儿最近上课注意力很不集中，经常走神。

对此妈妈有些着急，忍不住训斥女儿："我工作这么辛苦，这么难，你怎么还不体谅我呢？你好好学习就是对我的最大安慰了。你看，老师都把电话打到咱们家里来了，多丢脸啊！"

听了妈妈的话，女儿更委屈了，在接下来的几天里，女儿也表现得更加闷闷不乐，饭也不好好吃，作业也经常写不完。妈妈更着急了，可是不管她怎么训斥，女儿就是没有改变，她也不知道该怎么办了。

学习压力、与同学之间的关系、受到他人的批评指责、父母的情绪、不愉快的事情等，都会引发孩子的忧郁情绪，此时他最需要的就是我们的关爱与引导。事例中的妈妈就是由于自己的坏情绪而导致了女儿的忧郁，但她却只关注了自己的情绪，却忽略了女儿的情绪，结果才导致女儿越发不能集中注意力，情况也越来越糟糕。

显然，当孩子处于忧郁状态时，我们越是批评他，只能加剧他的忧郁。正确的做法应该是帮孩子排解忧郁，及时给予关爱与引导，告诉他"有什么事和妈妈说说"，帮他卸掉内心压力，这样才能使他心无旁骛地去做事，他的注意力才不会被这些无聊琐事所影响。

给予忧郁的孩子温暖的爱

一看到孩子有了忧郁情绪，有的妈妈会着急，会急切地询问，甚至会因为孩子的状态而训斥他。当然，这可能也表达的是妈妈的爱，妈妈正因为担心才会如此着急。可是，孩子看到的可能只是我们严肃的表情，听到的只是我们严厉的话语，这只能使他情绪更加低落。

所以，如果发现孩子的情绪不高，每天一副心事重重的样子，我们就先要调整自己的情绪，用平和的态度来对待他，用关切的目光关注他，问话时尽量和声细语。即便我们担心孩子的情况，也不要急着催他，要给他一种"无论发生什么妈妈都陪着你"的感觉，让他能放心地将心里话说出来。和他沟通时，我们还可以拉着他的手，或者抱抱他，搂着他的肩膀，亲密的肢体接触也会缓解孩子的坏情绪。

耐心了解孩子忧郁的原因

如前所说，导致孩子忧郁的原因有很多，也许只是因为一件事，也许是因为许多事混杂在一起。此时，我们要耐心询问，以找到孩子忧郁的真正原因。

在看到孩子表现忧郁之后，我们先不要急着去问"你怎么了"，可以从其他的事情入手，比如看到孩子因为忧郁而食欲不振，我们就可以说"今天的饭菜不合胃口吗？想吃什么？跟妈妈说说，妈妈给你做"，这样的话语更容易让孩子开口，然后我们再逐渐将话题引到令孩子感到忧郁的事情上。

在听的过程中我们也要保持耐心，要让孩子说完，如果有疑问最好用开放式的问题询问，引导孩子讲述自己最真实的心情。孩子忧郁的原因有的会非常不起眼，我们也不要因此就觉得他没出息，而是要认同他的情感，这样他才会走出忧郁。

寻找合适的方法引导孩子走出忧郁

对于孩子不同原因导致的忧郁，我们可以采取不同的方法来引导他走出忧郁。

比如，有的孩子是因为家中气氛紧张而产生忧郁，那么我们就要适当增强全家人之间的沟通，及时解决彼此之间的问题，多进行全家总动员的温馨活动，以缓和家中气氛，这样孩子的忧郁自然会慢慢消失。

再比如，有的孩子是因为学习成绩与他人有差距而忧郁，这时我们可以帮他改进学习方法，鼓励他多与之前的自己比较，少与其他人去比较，这样他才更容易进步。

或者，有的孩子是因为与同学产生了矛盾，我们可以教他一些缓解人际关系的小方法，给他讲讲我们自己是如何解决这样的问题的，鼓励他选择合适的方法去试试。

如果说及时沟通是帮孩子缓解内心压力，那么这些方法则是帮他彻底摆脱忧郁的法宝。也就是说，我们不能只是听听孩子为什么忧郁就算了，关键还要教他真正走出忧郁。

43 为什么焦虑呢？
——孩子焦虑，及时帮助他摆脱

焦虑也是一种负面情绪，在焦虑的影响下，孩子可能会无法集中精力去做眼前的事情，他的思维会一直停留在焦虑上，并由此联想到各种各样的事情，变得更加焦虑。我们只有先帮孩子摆脱焦虑，他的注意力才有可能得到提升。

一位妈妈发现孩子焦虑后一直很疑惑，她这样说：

> 我儿子已经上五年级了，他学习非常刻苦，但是我发现他的考试成绩和他的努力程度似乎并不能成正比。很多时候我都觉得儿子很紧张，有时候上学前他还会焦虑得吃不下早饭。
>
> 一次考试结束后，儿子的成绩又不理想。我没多说什么，只是趁着周末，掐着时间让儿子又将卷子重新做了一遍，这次做的卷子拿到了满分。于是，我就跟他说："看来知识你已经

完全掌握了，为什么考试的时候就做错了呢？"

儿子愁眉苦脸地说："我很焦虑。"

我有些疑惑："我看这些知识你都会，既然都会为什么还焦虑呢？"

"我也不知道，就是特别害怕自己考不好。"儿子无奈地说，"其实平时也是这样，老师一说要抽查背课文，或者听写生字、单词，我就生怕自己出错。等到真的要考试或者要背诵的时候，我的注意力怎么也集中不起来，大脑总是一片空白。"

我这才明白儿子的焦虑原因，看来是时候帮他摆脱这种不正常的心理状态了，如果他总是这么注意力不集中，也会影响他以后的学习。

也许在妈妈看来，所学知识都会的孩子还焦虑，这有些奇怪。孩子如果心理素质不算好，的确是很容易就产生焦虑情绪。所以，我们也要多关注孩子的这种焦虑状态，及时帮他摆脱掉，使他能平静地去聚精会神。

不要在孩子面前表现得很焦虑

有时候孩子的焦虑来自于家长，比如，有的妈妈对孩子要求很高，还没有耐心，一旦孩子表现不好或者没有达到她的标准，孩子就会受到批评甚至责骂，由此一来，孩子就会渐渐地产生焦虑情绪，导致注意力无法集中；还比如，有的妈妈自己本身就是容易焦虑的性格，有点什么事，自己先不淡定了，妈妈的焦虑势必会传染给孩子，孩子也会由此开始瞎猜瞎想，再加上妈妈因为焦虑而出现的暴躁脾气，更会让孩子焦虑。

所以，我们应该学着收敛自己的情绪，如果是对孩子的表现感到焦虑，我们可以提醒自己，孩子的成长是需要过程的，要耐心等待他成长，也要宽容看待他的错误；如果是因为自己的事情而感到焦虑，我们最好在进家门之前就将所有的坏情绪都抛开，要尽量以平静的态度来面对家人。

多教孩子一些处事之道

孩子之所以会焦虑，有时是因为他之前在做某些事时，有过失败或错误的经历，如果他再遇到类似的事情，可能就会因此而感到焦躁不安，生怕自己再一次出错。所以，我们就要教孩子一些解决问题的方法和技巧，让他能够做到心中有数，不再害怕。

比如，考试前紧张焦虑是很多孩子都有的感觉，这时我们可以用自己的经验来告诉他，"我小时候也和你一样害怕，不过我当时提醒自己，不想结果，只考虑过程，只要我认真答题就行了。考试就是个检验知识掌握程度的手段，没什么好怕的。"这样一来，孩子也许就会松一口气，他也会学着用类似的话来鼓励自己，他紧张的情绪可能就会平复下来。

不过，我们教孩子的这些处事之道，一定要是积极健康的、符合道德标准的，不能教他那些歪门邪道，否则孩子的注意力会被这些"歪理"吸引，更无法集中精力去学习了。

经常陪孩子一起放松身心

当孩子焦虑时，我们就要帮他放松身心。比如，可以和他一起散散步，或者做做运动；也可以陪他做他喜欢的事情；或者为他准备一些舒缓的音乐，帮他缓解紧张的压力，等等。

我们和孩子一起放松身心的目的，就是要让他感觉到我们对他的关爱，这对他来说也是一剂缓解焦虑的良药。当然，我们不能总是"贴"在孩子身边，必要时也要给他一定的空间，让他自己将心里的焦虑、烦闷都倾倒出来。

别在孩子焦虑时去严厉说教

孩子越是焦虑时，妈妈越是不能想当然地说教，更不能抱怨。不然，不仅无益于问题的解决，可能还会制造出新问题，让孩子更加焦虑。一位妈妈就做过费力不讨好的事情：

> 第二天就要进行小测试了，女儿担心自己考不好，很是焦虑。晚饭时，她甚至连饭都吃不下去。妈妈见状就说："一个破考试，你至于吓成那样吗？你不是都学了吗？还是说你压根儿就没好好听讲？反正只要你认真学了，就能考好。"听了妈妈的话，女儿反倒更焦虑了。

妈妈原本想借此激励一下女儿，但她这种口气却只会给女儿增加心理负担。所以，当孩子感到焦虑时，我们一定要保持冷静，不要对他进行严厉的说教，训斥更不可取，可以简单地、淡淡地安慰他几句，或者转移话题，先让他做好眼前的事，再去考虑未来的事。即便是要教孩子做事的方法，也要等他情绪平稳时再去。否则，原本孩子就因为焦虑而注意力不集中，我们若再去说教，他一紧张、一害怕，注意力就更加涣散了。

第七章
妈妈理解，我心里也很难受！——重视调适孩子的不良情绪

44 相信自己，你可以的！
——要给孩子积极的暗示

孩子对自己的判断来源于成年人，如果我们经常给予孩子积极的心理暗示，那么他也就会更积极地看待自己。不过，有很多妈妈却经常给孩子一些消极的暗示，导致孩子没法正确认识自己，就连注意力也受到了消极暗示的影响。

一位妈妈就讲了一件让她感到十分后悔的事。

> 儿子上五年级了，成绩在班里一直都稳定在中上等，不过有一次期末考试，他意外地考了个全班第二名，我当时特高兴。后来，我在街上偶然碰见了另一位妈妈，她的女儿和我儿子是同班同学。那位妈妈说："听我女儿说你儿子不错，学习也刻苦，这次他又考了个第二名，看来以后上重点初中是没问题了。"我其实就是想谦虚一下，连忙摆摆手说："哪里哪里，

他这次不过就是偶尔碰上了,其实他才没那么刻苦呢,整天也是总想着玩,他要是再努力点儿,成绩早就上去了,也不像现在这么半吊子。"

我说这话时,压根儿没注意儿子的表情,事后也没和他多说什么。又一次考试结束后,我发现儿子的成绩退步了许多,甚至连中上等水平都不保了。

我问儿子是不是发挥失常了,儿子却说:"不,我想这是正常发挥。上次您不是说我那个第二名是碰上的吗?这次运气不好,没碰上。"我在他的话里听出了赌气的成分,但我却似乎没法责怪他,正是我之前给了他一个消极的暗示,才使他的注意力分散了,他才无法集中精力去认真学习。

其实类似这样的话很多妈妈都说过,也许我们认为这是一种谦虚的表现,但在孩子听来,却是在暗示他"他并不算好",由此他可能会对自己已经取得的成绩产生不确定感。不仅如此,很多妈妈也经常将孩子学习不好、能力不足的表现说成是"他很笨",或者是"他不行",孩子内心敏感而脆弱,他可能会对这样的暗示深信不疑。

一旦孩子相信自己就是"什么都不行的",他的注意力也就无法长久地停留在学习或其他事情上了。相反,假如我们一直都对孩子进行积极的暗示,让他感觉自己"能行""有能力",他的全部注意力便会都集中在认真学习、提升能力上,他也会用这些暗示来不断鼓励自己。由此可见,暗示几乎可以左右孩子的整个学习和成长状态,我们应该多给孩子积极的暗示。

善于发现孩子某方面的潜能

积极的暗示就是需要我们找到孩子某方面的潜能，鼓励他将这种潜能开发出来。所以，我们要多看到孩子做得好的地方，不要只在学习方面去找他的潜能，其他各方面也要照顾到。

比如，有的孩子很懂礼貌，有客人时我们可以说："他倒是自己很注意这方面，礼貌礼仪问题也基本不用我们操心。"听了这话，孩子就会明白懂礼貌是一件值得他继续发展下去的好习惯。再比如，有的孩子经常帮妈妈干活儿，我们也不妨经常当着他的面在外人面前夸一夸他："他很小就能帮我做事了，大部分做事技巧都是自己学的，他的学习能力真让我吃惊。"这样的暗示会让孩子更留心帮我们做事，也会更认真地学习各种生活技能。

孩子的潜能是无限的，只要我们能抓住他的潜能，给予恰当的积极的暗示，他就会在暗示的引导下，将注意力都集中到某件事上，并努力做得更好。不过，这种在外人面前的夸奖也不要频繁使用，偶尔为之反倒能起到更好的效果。

暗示也要有事实依据，不要让孩子产生误解

积极的暗示也需要有事实依据，我们不能随便找一个由头就给孩子下暗示。比如，原本孩子学习成绩并不好，但我们却暗示他"照你这样学习，你肯定能拿第一"，他可能不但不会受到这种暗示的鼓励，反而还会因此而觉得我们是在嘲笑他。有的孩子则会真的认为自己很有能力，变得自大起来。所以，我们对孩子的积极暗示都要以事实为依据。

当然，对于他做得不好的方面，也可以给予暗示，引导他主动改正。比如，孩子在学习上总是粗心大意，我们可以根据他的实际情况这样说："我记得你帮我择菜的时候，连最细小的黄叶子都能找到，当时我就觉得你真的是一个细心的孩子，你在学习上应该也能做到这一点。"这样孩子就会明白他学习上的粗心是不对的，他也许就会努力改正缺点。

要以真挚的情感给予孩子暗示

即便是给予孩子暗示，我们也要带着真挚的感情。也许有妈妈会说，哪个妈妈不是真心希望孩子好的？当然，大部分妈妈都是这样的心情，但还是有些妈妈会带有一种功利心、虚荣心，只为了让自己脸面上好看，对孩子的暗示也就带了许多功利性。

比如，有的妈妈会暗示孩子说："你绝对比××强，只要你再努力一些，你就能超过他，拿到班级前三名。"也许孩子在这样的暗示下会努力学习，但他努力的目的却是为了竞争。所以，我们要杜绝类似这样的暗示，要凭借自己无私的爱，去发现真正对孩子有益、有用的暗示，使他真的为了自己的健康成长以及幸福生活而奋斗。

45 发泄出来就好了！
——教孩子表达自己的坏情绪

孩子没有坏情绪时，他的思绪就像是一杯清水，清澈透明，所有思想都很清晰，注意力也很容易集中。可坏情绪就如染料一般，只需要一小滴，清水立刻就变浑浊了，在坏情绪的感染下，孩子的注意力便也难以聚集在一起了。

让孩子将自己的坏情绪表达出来，就是在帮孩子的思绪换水，换掉被污染的水，重新装进清澈透明的水，让他的注意力再次变得集中起来。

不过，很多孩子并不会表达自己的坏情绪，要么任由坏情绪在他的内心堆积，结果导致自己的注意力更加不集中；要么是不得法地胡乱发泄，不但没有将坏情绪发泄出去，反而可能增添更多其他的烦恼，注意力更加集中不起来。

下面这位妈妈就做得非常好，她这样说道：

10岁的儿子在班干部竞选中落选，他闷闷不乐地回到家，先是狠狠地将书包扔到了沙发上，然后又使劲踢掉了鞋子，接着大喊一声趴到了沙发上。正在准备晚饭的我听见动静，连忙从厨房跑出来，有点紧张地问："发生什么事了？"

　　儿子不耐烦地说："别管我！"

　　我一愣，接着说道："怎么能不管啊？来，和妈妈说说，发泄出来就好了。"

　　儿子闷闷地说："班干部竞选，我体育能力那么好，他们都不让我做体育委员，我都那么求他们了，还不管用……"

　　儿子说的时候，我一直认真地听着，并没有插话。直到儿子不再说了，我才说："现在心情是不是平静一些了？"儿子默默地点了点头，我说："我觉得吧，这种事你求是求不来的，倒不如好好看看自己哪里做得不够好，以后努力做好就行了。好了，你也发泄过了，下面我们就该将注意力都集中到吃饭上了，饿了没？今天有你爱吃的菜哦！"

　　儿子摸着头笑了，我也笑了，拍了拍儿子的肩膀说："感觉情绪不好的时候，可以来和妈妈说，别扔书包和鞋了，挺贵的。"儿子又笑了……

　　孩子对情绪的表达一般都比较单一，尤其是有了坏情绪，他的发泄方式无非就是大喊大叫和乱扔东西，明显这样的发泄并不能帮他缓解内心的坏情绪，所以我们可以参考这位妈妈的做法，引导孩子将坏情绪表达出来，帮他清空心里的垃圾。也就是说，要教孩子学会正确表达坏情绪，使他能真正摆脱坏情绪，重新集中注意力去做该做的事情。

教孩子描述自己的情绪

孩子之所以无法表达坏情绪，就是他对自己情绪的描述不清，他可能会表现出难受，但却说不出来。说不出来就无法正确表达，我们要教他正确描述自己的心情。

当孩子感觉不开心时，可以鼓励他描述自己的感觉，比如，说出"我不高兴""我很难受""我心里不舒服"等感觉，其实这样的描述也是一种表达。而在他表达出自己当时的心情之后，我们还可以问问他，为什么会产生这样的情绪，随着他的讲述，他的情绪也会慢慢地被释放出来。

引导孩子适度发泄

有了坏情绪，发泄一下是不错的缓解情绪压力的方式。孩子也需要发泄，不过要防止他暴力发泄，也就是不要让他乱扔东西，也要防止他伤到自己或他人。可以带他到空旷地带，让他大喊几声；或者带他一起做做较为剧烈的运动，打羽毛球、打乒乓球、踢足球都可以；或者也可以给他找一些柔软的毛绒玩具，让他捶打几下，不过这种方法最好少用，毕竟这也是一种破坏的行为。

孩子在发泄情绪时，我们不要在一旁说教，陪着他就可以了，一来引导他选择正确的方式去发泄情绪，二来也是防止他伤害自己或者伤害他人。不过，这种发泄时间不要太长，一旦发现孩子的情绪没有最开始那么激动了，我们就要与他及时进行沟通，帮他彻底丢掉坏情绪，让他能重新集中注意力去做该做的事情。

对孩子的坏情绪给予精神支持

当孩子有了坏情绪时，他的言语表现可能都会有些过激，但即便如此，我们也不能冷漠地对待他，更不能无视他甚至训斥他。我们要对他的情绪表达给予足够的重视，要耐心倾听，也要保持平静。

不过，也不要"枯燥"地去安慰，其实对于正处在坏情绪下的孩子说"不要生气""别不高兴"是没有多大用的，倒不如引导他将情绪发泄出来，让他生气，让他尽情释放。我们要一直站在他的身边，让他知道我们是他的依靠，是他的精神支柱。

46 没什么大不了！
——缓解孩子考试等大事前的紧张感

孩子的心理承受能力并不算强，所以很多孩子在面临考试等大事时，总是会显得非常紧张，吃不下饭、睡不着觉，整个人的情绪似乎也低落了许多。紧张的心理势必会影响他的注意力，让他无法更好地去学习或者处理事情。怎么处理呢？

一位妈妈在这方面就非常有经验，她是这么做的：

星期一早上升旗前，女儿作为学生代表要进行一次演讲。要在全校那么多人面前去演讲，这对9岁的女儿来说还是第一次。

头天晚上女儿就已经开始紧张了，吃饭的时候她一口都吃不下去，还总是不停地在屋子里走来走去，其实她早就背过演讲稿了，但现在她却怎么都集中不了注意力去再背一遍。

看到女儿这个样子，我叫住女儿，拉着她的手坐在了沙发上。

我问她:"非常紧张是吗?"

女儿不住地点头:"我从来没在那么多人面前说过话,以前在班里当着同学说话我还觉得有点紧张呢,现在可是全校啊!老师同学都看着我,我……"

我抚摸着女儿的后背说:"我知道,我知道,妈妈也曾经历过,好多双眼睛看过来,心里真是不停地在敲小鼓。不过,这没什么大不了的啊!你想,稿子你也都背过了,不过就是讲3分钟的事,很快也就过去了。走吧,先别想这个了,跟妈妈去'饭后百步走',不是明天才演讲呢吗?现在就要好好放松。"

说完,我拉着女儿走出了家门……

第一次公众演讲对孩子来说就是一次紧张的经历,这位妈妈很有智慧,她并没有像有的妈妈那样,因为这件小事而训斥孩子"没出息",反而是认同了女儿的感受,并给予及时开导,还带着女儿出门放松,相信这个孩子的紧张情绪一定能够得到缓解。

大事当前,孩子紧张是正常的。不过,如果太紧张,注意力也就无法集中在一起了,因此我们就要像事例中的那位妈妈那样,及时帮孩子缓解紧张情绪,让他能轻松应对所有事情。

不要给孩子太大的压力

不当的叮嘱有时对孩子不仅不是鼓励,还会给他带来更大压力。

> 考试前，妈妈反复叮嘱孩子："要好好考啊！可不要粗心大意，这每一次成绩可都代表你的学习水平，只有考出好成绩才算你把知识都学会了。"在妈妈的叮嘱下，原本很淡定的孩子忽然紧张起来，他担心自己万一考不好，那岂不是白学了？

其实很多孩子最早对考试并没有多大的感觉，也许在他看来，考试不过就是一种比较新鲜的学习方式而已。但是我们对考试的重视却给了孩子一种错觉，在我们的影响下，他也开始对考试这样的大事产生了紧张感。

所以，无论孩子即将面临怎样的大事，我们首先要保持淡定的情绪，当我们不给孩子太多压力时，他的压力也会有所缓解，也就不会那么紧张了。

告诉孩子紧张是正常的

面对大事，很多人都会紧张，就算是有些成年人也会非常紧张。这再正常不过。所以，我们要告诉孩子，紧张很正常，他没必要因为自己的紧张而感到恐惧与羞愧。

同时，还可以提醒孩子，紧张代表一个人对这件事的重视，适度的紧张会使人的注意力更加集中，过度紧张却会使人思维混乱，反而会无法更好地集中注意力。所以，孩子可以紧张，但要适度。

教孩子几种应对紧张的小方法

有时候，我们可以用安慰来帮孩子缓解紧张；但有时候，孩子需要一个人面对各种情况，比如在考场里，等待考试发卷时，他的紧张情绪就需要自己进行调节。我们可以教他几种应对紧张的小方法。

比如，做几个深呼吸，多对自己说"我已经复习得很好了"或者"我有能力做好"；在考试或者做事之前，做做扩胸运动，抖抖手，放松一下全身的肌肉；在考试前，可以做做眼保健操，这有助于促进脑部循环，缓解紧张情绪，等等。

孩子如果感到紧张，可以先暂时停下手里正在做的事情，不要想太多，深呼吸几次，让心情平静下来，先从简单的开始做起，然后再一步一步地推进，当做出来几道题或者给一件事开了一个好头之后，孩子的紧张情绪就会自然减少甚至会消失。

也不要让孩子彻底不紧张

虽然我们要帮孩子缓解紧张的情绪，但这并不代表孩子需要彻底不紧张。大事面前，还是要有一定的紧张情绪的。因为只有紧张起来，他才会重视这件事，他才会积极地为考试或者某件事而进行充分的准备。

所以，这里所说的"不紧张"是相对的，既要让孩子明白考试或其他一些大事"没有什么大不了的"，要他肯努力，并尽力将自己的水平发挥出来就没问题；同时也要提醒他，要尽自己的努力将这件事做好，或将考试认真完成，不能因为不紧张就玩忽懈怠。

47 妈妈会克制的！
——帮助孩子远离"情绪污染源"

心理学上有一个著名的"踢猫效应"：

> 某公司的董事长有一次因为超速驾驶被警察开了罚单，结果那天他迟到了。很生气的董事长就将气撒在了销售经理身上，将销售经理叫到办公室狠狠地训斥了一番。
>
> 挨训的销售经理也憋了一肚子气，回到自己的办公室就对秘书好一番挑剔。
>
> 平白无故受到牵连的秘书也觉得窝火，便开始找接线员的茬儿。
>
> 接线员受到数落后，回到家也依然心情不爽，只得对着自己的儿子大发雷霆。
>
> 儿子莫名其妙受了一顿训斥，自然也恼火不已，最终无处

> 撒气的他对着家里的猫狠狠地踢了一脚。
>
> 　　猫很害怕，就逃到街上，正好一辆卡车开过来，司机赶紧避让，没想到却把路边的孩子撞伤了。

　　人情绪不好、心情糟糕时，一般会沿某种等级或强弱组成的社会关系链条依次传递。由金字塔的塔尖一直延续到最底层，没处发泄的那个最弱小的元素，可能会成为最终的受害者。其实这个效应就是一种坏情绪的传染，从一个人开始，坏情绪会接连影响周围的人。孩子"抵抗能力"差，这种坏情绪对他的"污染"尤其严重，他很可能会成为最无辜的那个受害者。

　　身为妈妈，我们往往最容易成为"情绪污染源"，生活、工作等各种压力也许会让我们难以顾全，一旦某个方面出了问题，我们就会因此而变得情绪低落，进而看什么都不顺眼，孩子此时的所有行为似乎都会触碰到我们的"雷区"。一旦发作起来，孩子很容易就受到牵连。

　　被坏情绪牵连的孩子，内心会委屈，思想也会出现波动，随之而来的就是注意力不再集中，无论再做什么事都无法安心。

　　从这一点可以看出来，我们的情绪对孩子有多么大的影响。所以，要努力切断最初的"情绪污染源"，可以告诉孩子"妈妈会克制的"，而这样的言语也是在向孩子作一个承诺，只要我们能提升自控力，克制住自己的坏情绪，孩子也就不会受到坏情绪的传染，这样他才可能保持一个平和的心境。

要学着理智控制自己的情绪

当孩子的注意力已经开始被我们的情绪所左右时，很难想象他能集中注意力再去做其他的事情。一个快乐的孩子需要一个快乐的家庭，而一个拥有良好注意力的孩子，也需要远离各种负面情绪的影响。

所以，我们就要学着理智地控制自己的情绪，正所谓"掌控情绪，才能掌握未来"，掌控的是自己的情绪，而掌握的却是自己和孩子甚至是家庭的未来。如果是在工作上遇到了问题，那我们就要尽量在工作时间将其解决，要在进家门前的那一刻，尽量将所有的坏情绪都丢掉；如果是家庭生活中出了问题，也不要单纯地发脾气，应该让头脑冷静下来，进行认真思考。

尤其不能将孩子当成出气筒，心情不好时，可以先自己一个人清静一下，有人曾经用"冲马桶"的方式将坏情绪也随着废水冲进下水道，类似这样的方法我们也可以借鉴一下。我们能够更好地克制自己的情绪，孩子自然也就不会受到"污染"。

在各个时间段营造和谐的家庭气氛

家庭生活会有吃饭时间、睡觉时间、娱乐时间、工作时间等各个时间段，在每个时间段我们都要控制好自己的情绪，要注意营造和谐的家庭气氛，避免出现"情绪污染"。

比如，吃饭时间，有的妈妈习惯在吃饭时对孩子进行说教，或者带着坏情绪吃饭，于是摔筷子、踹碗、骂孩子不吃菜等一系列表现也就全都出现了。妈妈的坏情绪会让孩子食欲大减，尤其是受到说教的孩子，他的注意力无法集中在吃饭这件事上，吃不好、吃不饱的孩子，在接下来的学习或者其他活动中也会出现注意力不集中的情况。

再比如，睡觉时间，睡前妈妈对着孩子一番情绪发泄，孩子带着委屈睡去了，他的睡眠质量直线下降，第二天的注意力也就无法集中起来。

无论哪个时间段，我们都要营造出和谐的气氛，该吃饭的时间，就让孩子好好吃，不要说太多，别将情绪带上饭桌，否则影响全家人的食欲；该睡觉的时候，和孩子说一声"晚安"，要好过莫名其妙的训斥。至于其他的娱乐时间、工作时间，我们也要找到适合那个时间段的气氛，该轻松的轻松，该严肃的严肃，当我们驱除了所有坏情绪时，孩子也就能尽情享受家庭中的和谐生活。

提醒孩子在外也要尽量躲开情绪污染

任何人都有可能制造出坏情绪，在家庭以外的环境中，孩子的老师、同学、朋友，甚至是一个普通的路人都有可能成为"情绪污染源"。所以，要提醒孩子，学会避让来自各方的不良情绪。

比如，假如老师有些生气，孩子就该尽量乖巧一些，做好自己该做的事，不要再去挑战老师的底线；如果同学正在发脾气，他就不要此时再过去招惹同学，可以让同学自己清静一会儿，整理一下情绪；若是在路上碰见有人在发脾气，孩子一定要绕道而行，以免被殃及，等等。

另外，也要提醒孩子不要让自己成为"情绪污染源"，可以多教他一些处事方法，教他学会调节自己的心情，使他能时刻保持好心情，并能在好心情的帮助下，集中注意力做好每一件事。

48 要做个乐天派哦！
——培养乐观的孩子，笑对不如意

人生在世，岂能所有事都顺己心？有些不如意是很正常的。但如何正确面对这些不如意，却是需要一番功夫的。

> 当代著名作家、散文家、学者林清玄有一次应朋友的要求题一幅字，他思索一番，写下了四个大字"常想一二"。朋友不解，问其原因。
>
> 林清玄一番玩笑过后向朋友解释说，在人的生命里，不如意的事情占据了绝大部分，就如俗语所说，"人生不如意事十之八九"，但扣除那八九成的不如意，至少还有一二成是如意的。所以，要过快乐的人生，就要常想想那一二成的好事，不要被八九成的不如意打倒。

"人生不如意事十之八九"，意思是说人生在世，并不是所有的事情都会顺从人的心意而发生发展，十件里总有八九件是不如意的。

同样是面对不如意，有的人能够坦然处之，笑对坎坷，并不为其所扰，而是专心想办法解决问题；有的人却会因此而在思想上出现动摇，沉浸在不如意之中，其他什么事都做不了。前者属于乐观的人，而后者就是悲观的人；前者看见的是未来的希望，而后者则被禁锢在了现在的失意之中。林清玄那幅字对所有人都是一个提醒，要笑对不如意，做一个乐天派。

其实不只是成年人，很多孩子也同样具有悲观的情绪，也许是之前我们对他的要求太高，也许是他凡事都追求尽善尽美，一旦他遇到了挫折、遭遇了失败，他的情绪瞬间就会跌落到低谷。可这样低落的情绪一定会影响他的注意力，让他无法更好地集中精神去做其他的事情。

所以，我们也要将孩子培养成一个乐观的人，使他的注意力不会被不如意的事情带跑，让他能笑对人生坎坷，集中精力好好学习、努力成长。

把握好处理孩子挫折情绪的态度

考试成绩出来了，男孩甲和男孩乙成绩都不好，家长会上，老师特意和两位妈妈进行了交流。

男孩甲的妈妈回家之后，对孩子好一阵埋怨，还打了他一巴掌，并说"下次再考这么差就别回家"。

> 男孩乙的妈妈回家后却并没有特别提成绩的事，只是给他做了顿好吃的，饭桌上妈妈说："一次没考好也不算什么，多吃点，吃饱吃好了我们才能继续努力。"
>
> 从那以后，男孩甲更加不愿意学习，成绩一落千丈；而男孩乙却主动迎头赶上，成绩越来越好。

当孩子遭遇挫折时，我们的态度对他能否乐观对待挫折也会有很大的影响。所以，我们要向男孩乙的妈妈学习，在孩子遭遇挫折时，给予他温暖与帮助，使他能在心理上获得安慰。

不过，此时我们最好不要向孩子讲什么大道理，因为在挫折面前，孩子往往听不进去大道理，他需要的可能只是我们给他做的一顿可口饭菜，或者一个温暖的拥抱。

帮孩子正确认识挫折

要想积极对待挫折，就要先认识挫折。因此，我们要和孩子一起弄明白他为什么会遭遇这样的挫折，并帮他对挫折进行分析。

可以先问问孩子做某件事时最开始的想法，听他说说他做整件事的过程。比如，孩子经历了一次失败的考试，那么考试之前他是怎么复习的，考试时他对这些题目有什么样的感觉，他又是如何作答的。了解了这些问题，就能帮孩子更快地找到遭遇挫折的原因。而找到了原因，也就找到了战胜挫折的答案。

引导孩子寻找战胜不如意的方法

悲观的孩子会将注意力停留在自己的失败、挫折上，由此他会变得更加悲观；而乐观孩子的注意力则会很快转移到如何战胜失败、挫折上，随着一个又一个困难被他踩在脚下，他的心情也会更加舒畅。

帮孩子摆脱悲观，除了调节他的思想，我们也要引导他学着解决问题。根据前面对挫折的分析，我们可以鼓励孩子自己去思考解决问题的方法，可以给他一些简单的提示，并鼓励他勇敢地去尝试。另外，我们还可以提醒他记录下自己的这次不如意，记录下他犯错的原因，以及他解决的方案，这也是在为他积累处事经验。

为孩子树立乐观的好榜样

培养乐观的孩子也需要环境的帮忙，我们自己在对待挫折方面就要有良好的心态，遇到什么问题我们一定不要在家里摔东西、摔门，也不要表现得愁眉苦脸、无计可施，我们要积极分析问题，尝试着努力去战胜挫折。我们的表现会成为孩子效仿的榜样。

同时，也可以找一些笑对不如意，乐观应对困难的其他事例，多给孩子讲讲，或者推荐他自己去阅读，将他的注意力从对不如意的悲观情绪，重新拉回到积极努力继续奋斗上来。这样孩子就会在榜样力量的作用下，慢慢也感染上乐观的情绪，从而学会笑对困难。

49 放松训练开始！
——引导孩子学会放松自己的身心

很多妈妈觉得，只有让孩子紧张一些，他的注意力才会高度集中。但事实并非如此。孩子对于压力的调节远不如成年人，他可能并不会将压力变成动力，那些让他感到紧张的事情反而会让他的神经越绷越紧，让他产生更大的压力，使他更无暇顾及其他，这时再想让他集中注意力就非常困难了。

就拿孩子上课听讲来说，有的孩子能认真地听课，能很轻松地将所有课堂以外的东西都屏蔽掉；有的孩子却不是，任何一点小动静都能扰乱他的注意力，影响他的听课质量，而这就是他不能很好地将这些杂事都放下的表现。

这就是说，孩子若想要更好地集中注意力，就要学会放下，将一切无所谓的事情都放下，他才能专注于眼前的一件事。要让孩子做到"放下"，我们可以带他一起进行放松训练。

在这方面，一位妈妈就特别有心得：

第七章
妈妈理解，我心里也很难受！——重视调适孩子的不良情绪

> 女儿升入六年级后，她说很多同学都投入到了更加紧张的学习中，我发现女儿也跟着大家一起紧张了起来。但是，她的紧张却有些过了头，每天都强迫自己坐在书桌前看书，强迫自己学习，其实她也想玩，我就经常看见她一脸纠结地看着书和玩具发呆。
>
> 我觉得女儿太紧张了，才上六年级的孩子整日愁眉苦脸，饭吃不香，觉也睡不好，这太影响她的生活和学习质量了。于是，我决定帮女儿减压放松。
>
> 每天吃完晚饭，我都会叫上女儿和自己一起坐在椅子上进行松弛想象训练，引导她全身心放松。没事的时候，我也经常与女儿聊一聊学习以外的轻松话题。后来，我还买来了几盆花草，将照顾花草的任务都交给了她。
>
> 一段时间以后，女儿紧绷的神经逐渐松弛，情绪似乎比刚上六年级时要稳定许多，不再动不动就着急，而是能够有条理地安排自己的学习与生活。我发现，放松下来后，女儿反而比之前学得更专心了。

事实证明，放松并不意味着放弃，放松是为了让孩子更好地整理自己的情绪。事例中的孩子在妈妈的帮助下缓解了先前的紧张情绪，换来了对学习的全身心的投入。由此可见放松训练的确有助于孩子注意力的提升。

以下是放松训练的具体做法：

在休息时间，选择一个宁静且光线柔和的时刻，关上房门，和孩

子一起坐在软硬高低都合适的椅子上，双脚平放在地上，微微闭合双眼。

慢慢地调整呼吸，每次呼气时最好默念"放松"。同时要想象着，依次从脸部、颈部、肩部、背部、上臂、前臂、双手、胸部、大腿、小腿、双脚等各个部位逐渐由绷紧到放松。

当全身都放松后，想象着身处安静舒适的环境之中，静坐几分钟，并想象那种放松下来的舒适感正在全身上下各个部位流动。

最开始孩子可能很难进入这种放松状态，他的精神也难以安定下来，可能坐一会儿就坐不住了。这就需要我们对他进行耐心辅导，帮他进行反复练习。

在进行这种放松练习时，我们也可以放一些有助于舒缓情绪的音乐，比如古典音乐、传统音乐等，舒缓的音乐，可以使孩子从兴奋转为平静，从而帮他更快地放松下来。

这种放松训练其实对我们也很有效，之所以要我们和孩子一起做，也是基于这个原因。因为承负着工作、生活、家庭等各种责任，我们可能会更有压力，我们的注意力也许无法很好地集中在一起。这种放松训练也能帮我们放下过重的包袱，更好地去面对一切。

除了这种专门的训练，生活中还能进行其他方式的放松训练。比如，经常与孩子进行无压力的聊天，所谓无压力，就是孩子学习以外的一些轻松小话题，我们不带有任何说教的成分，而是用一种朋友的语气和孩子天南海北地聊；或者也可以和孩子一起散散步，评论一路上的所见所闻等。

也可以在家养几盆绿色植物，将侍弄花草的任务交给孩子。这不仅会培养孩子的爱心与责任感，同时也能帮他放松精神。不要担心花草会在孩子的照顾下夭折，如果实在担心，我们可以为他准备一些好侍弄的花草。

这种放松的训练也要因人而异，有的孩子性格开朗，可能他自己就能主动调节，甚至有时都不用我们对他进行放松训练，我们也就没必要非让他花时间再去训练了；有的孩子可能性格腼腆，有什么事都爱压在心里，对于这样的孩子我们就要格外注意，及时帮他放松精神，以免他因为压力太大而焦虑不安。

50 没有什么好怕的！
——帮助孩子消除畏难情绪

孩子都是有好奇心的，他会想要尝试各种在他看来新奇的事情；孩子也都是胆小的，对于某些无法预知的情况，他也会产生不知道该怎么办的心理。每到这种不知道该怎么办的时候，也是孩子注意力最差的时候。因为此时他会想得很多，会担心自己无法顺利解决难题，更担心自己的失败，这些思想会逐渐占据他的大脑，使他无法集中精神去考虑自己到底该怎么做。

当孩子遇到困难时，我们就要及时给予鼓励，告诉他"没什么好怕的"，要帮他消除畏难情绪，这样他才敢于直面困难，才会专心地与困难进行"斗争"。

不过，有的妈妈在帮助孩子消除畏难情绪时，似乎采取了错误的方法。

一位妈妈就这样说道：

> 我最见不得儿子怕困难那样子，上次他因为考试时有一道题做不出来，当场就哭了。老师告诉我时，我那叫一个不好意思啊！
>
> 想想啊，一个男孩子，居然在考场上哭鼻子！
>
> 他回家以后，我好好地训了他一顿，一个男孩子这么害怕困难以后可怎么办？要做男子汉，他就一定要勇敢一些，几个小困难绝对不在话下，应该大胆地去闯。

虽然这位妈妈说的没错，孩子应该勇敢一些，男孩更应该如此。可是，鼓励孩子勇敢面对困难并不是靠训斥就能成功。孩子眼中的困难总是有它产生的原因的，我们应该理解他的心理，多站在他的角度去考虑一下，这样才能找到好方法来帮他消除这种畏难情绪。

不要强迫孩子"不怕困难"

> 儿子做作业时遇到了难题，想了想做不出来，就准备直接跳过不做了。妈妈看见后却说："这么个小难题你就不做了？不许跳过去！要勇敢面对！"
>
> 儿子皱着眉头，对着那道题"相面"相了许久，还是做不出来。

> 妈妈依然一脸"坚定"地守在一旁，一直催促儿子，让他不要害怕困难，要迎头而上，战胜困难。
>
> 儿子白白浪费了许多时间，依然没有解出那道难题。

孩子面对困难有畏惧心理是很正常的，我们也没必要像这位妈妈这样逼迫他不要害怕。之所以要帮孩子消除畏难情绪，是为了让他能集中注意力去解决困难，而不是让他必须"什么都不怕"。孩子不可能什么都不怕，有畏惧他才能知道自己还有需要提升的空间。我们要培养的，应该是孩子不畏难的精神，即便他有一时的害怕，也要尽最大努力克服。

此时，我们可以鼓励他"自己试试"，或者建议他翻翻书、查找资料，多为他提供一些解决意见，总要好过对他进行"精神压迫"。

和孩子一起"解剖"困难

在孩子看来，困难就是他一下子想不明白该怎么应对的东西，我们只要帮他想明白就好了。也就是说我们要帮孩子一起将困难"解剖"来看，帮他分析一下困难的性质，找找战胜困难的方法。

比如，让孩子说说他觉得哪里是他感觉难的，问问他为什么会觉得某个问题很难，鼓励他想想目前能做的事情有哪些，他可能做到的事情又有哪些，然后再提醒他想想还有哪些问题是暂时解决不了的，他该怎么做才能将所有问题都解决掉，等等。

困难就是一架看起来复杂的机器，当被拆成一个又一个小"零部件"之后，它也就复杂不起来了。此时，就可以鼓励孩子"各个击破"，因为要将注意力集中到单个小事上很容易。我们只需要提醒孩子，将一件事做完后再做另一件事，不要将注意力分散得很开，否则很容易遇到新的困难。为了使孩子更有勇气，也要及时对他进行鼓励，尤其是当他想到了好的解决问题的点子时，我们的鼓励会促使他更加集中注意力去动脑筋。

提醒孩子要做到真正的"不畏难"

有的孩子可能只是嘴上说"不怕"，表面看是消除了畏难情绪，但真正到了要去解决困难时，却又不知道该怎么办了；有的孩子可能在消除了畏难情绪后变得天不怕地不怕了，什么困难都不在话下，鲁莽地去应对。

这两种态度都是不完全的"不畏难"，前一种是表面上的不畏难，而后一种则是完全没有好好认识困难。我们要教孩子学会以正确的态度去应对困难，对待困难他应该是"战略上藐视，战术上重视"，也就是不要从一开始就怕得不敢动弹，而是要勇敢面对，要意识到有困难是必然的，但这并不是不可战胜的。在应对困难时，又要认真想对策，要认真地思考每一个细节，争取尽快战胜困难。

第八章

Chapter8

掌控自己，才能掌控未来！

——教孩子学会自我控制

孩子注意力不集中，很大程度上是因为他缺乏自我管理的能力，也没有强大的自控力，不能掌控自我。在生活中，很多孩子也就无法集中精力预习、听课、写作业、复习等。可以说，孩子只有学会了自我控制，才能让注意力更加集中，如此也才能掌控自己人生的未来！因此，要注意培养和提升孩子的自我控制力。

51 等一会儿哦！
——用延迟满足提升孩子的注意力

1968年，美国斯坦福大学心理学教授沃尔特·米歇尔曾设计过一个著名的实验——延迟满足实验。实验结果表明，那些具备延迟满足素养的孩子（也就是能有效地进行自我调节和自我控制，可以为了更有价值的长远目标而主动放弃即时获得满足的孩子）在将来的学习、生活上明显自我控制力更强，注意力也更集中。

比如，一些不具备延迟满足素养的孩子在课堂上会忍不住掏出放在书包里的玩具，偷偷摸摸地躲在书本后玩，这又如何能把注意力放在学习上呢？具备延迟满足素养的孩子则不会那样，他们会集中注意力将课听完，忍到下课或是放学回家再玩玩具。

不仅如此，这些具备延迟满足素养的孩子抵抗挫折与压力的能力也比普通孩子强。可见，具备延迟满足的素养是孩子走向成功所应该具有的一种重要心理素质。遗憾的是，很多妈妈在孩子提出要求的时候，总是立即满足他，甚至有的妈妈还超前满足或是超量满足孩子的要求，这直接导致孩子缺乏延迟满足的素养。

因此，我们应该从孩子小的时候（5岁左右）就注意用延迟满足来培养他的注意力、自制力、抗压力等好品质。下面这位妈妈的做法就值得我们借鉴：

> 妈妈很注重对女儿延迟满足的训练。5岁多的女儿如果想吃蛋糕、想喝果汁、想要玩具，妈妈一般都不会立即满足她，而是会先告诉女儿不能立即满足她的原因，然后顺势提出条件："如果你能多等一会儿（多等几天），妈妈就会买一个好吃的大蛋糕（一个更漂亮的洋娃娃）给你。"就这样，等一两个小时甚至几天后，妈妈才会满足女儿的愿望。
>
> 因为有了期待，女儿在得到自己想要的东西后总是会非常高兴，也非常珍惜。
>
> 如今，女儿已经上一年级了，她的忍耐性和注意力都比同龄的孩子强，不管做什么，她都非常专心，而且能抵挡住周围的一些诱惑。比如，有的孩子在上课的时候会忍不住把零食掏出来吃，或是和周围的孩子说话，可是她却能忍住吃零食、讲悄悄话的欲望，将注意力都集中在课堂上，认真听课。

有的妈妈认为，让孩子晚一点得到他想要的蛋糕、果汁和玩具只是微不足道的小事，殊不知这关系到孩子性格养成的大事。从前面案例我们就能发现，习惯了延迟满足的孩子更容易控制自己的情绪，也会让自己的注意力更集中。

既然培养延迟满足的素养对于孩子注意力的持续性和耐久性都有很

大帮助，我们为什么不从孩子小的时候就开始培养他延时满足的素养呢？不要觉得延迟满足孩子想要糖果或玩具的要求是件小事，要知道，那些能够长期专注于学习的孩子，正是从当初没有立即吃掉糖果、玩玩具开始成长的。

不要立即满足孩子的要求

对孩子延迟满足的训练应该从生活点滴入手，我们首先要做的就是改变以前立即满足孩子要求的态度，不要孩子要什么就马上给什么。比如，当孩子在商场看到一个新型玩具吵闹着要买时，我们不要立刻拒绝，当然更不能立即满足。我们可以对他说："家里的玩具已经有很多了，只有等你过生日的时候，妈妈才会再给你买一个你喜欢的玩具。"

当孩子在学习上遇到困难，向我们求助时，我们也不要立即满足孩子的要求，告诉他答案，而是要鼓励他自己想办法，这样孩子就能更专注地学习。当然，如果孩子实在做不出来，我们也可以适当给予指导。

这样一来，孩子就能明白，不是什么东西一要就能马上得到的，而是需要等待，需要他学会自我控制。

延迟满足训练应该循序渐进

不管做什么事情都要循序渐进，对孩子延迟满足的训练也是一样，我们不能一开始就期望孩子能等待20分钟，这太不现实。其实，我们对孩子的延迟满足可以从1分钟开始，然后，可以再一点点地增加孩子等待的时间，从1分钟、几分钟到十几分钟……这样递增地对孩子进行延迟满足训练。

如果孩子能耐心地等下来，我们不仅要满足他的要求，还应该给一些精神鼓励，以增强他的信心。这样孩子就能慢慢学会自我控制，专注力也会越来越强。

别对等待中的孩子过分关注

我们在循序渐进地训练孩子等待的过程中，要注意不要对等待中的孩子投以过分的关注，因为我们的关注很可能会让孩子利用撒娇、哭闹等行为逼迫我们妥协，立刻满足他的要求。

孩子会因为等待而觉得烦闷，他可能会唉声叹气，甚至用哭闹来吸引我们的注意力，这时，我们要狠下心来，不去理睬孩子的这些"小把戏"，而是专心地做自己的事，让孩子知道他的那些行为无法让他的要求立即得到满足，只有等待才能让他的要求得以满足。当孩子耐心地等我们忙完了事情之后，别忘了给孩子一个拥抱，告诉孩子他做得很好。

要正确看待延迟满足效应

延迟满足不是万能的,并不适用于所有的孩子。使用这个效应或原理的前提是真正理解它,正确看待它。比如,延迟满足是有后续实验的。1992年,米歇尔的研究小组在其报告中明确指出,5岁似乎是延迟满足训练的一条重要分界线(出现延迟满足能力的萌芽),4岁及以下的孩子并不具备延迟满足的能力。通过对更多孩子的研究发现,大多数8~13岁孩子能够较好地发展出延迟满足能力,该结论与最新的神经发育研究结果吻合。

另有相关研究(Miller Dale T., Karniol Rachel; 1976)表明,主动延迟和被动延迟对孩子来说差异很大。如果孩子认为自己在掌控延迟进程(可随时自主停止),那他主动延迟的时间会更长;反之,如果孩子认为是别人在掌控延迟进程(自己只能被动遵守),那他的延迟时间会大大减少。对此,最新神经科学研究解释为:被动感会激活愤怒情绪系统(先天的本能情绪之一),进而干扰自控力。

还有几个细节需要注意,第一,主导延迟满足的成人是否可信,非常重要;第二,眼前的"棉花糖"到底有多么稀缺,在不同孩子的眼里是不一样的,因为有的孩子经常吃"棉花糖",所以"棉花糖"对他的诱惑力不大,他也能延迟很久,而有的孩子平时没有得到过"棉花糖",他延迟的时间就相对较少;第三,在某种意义上,孩子渴望的来自父母的关爱情感及周围环境的安全感可能也近似于"棉花糖"。

总之,延迟满足训练是相对的,不是绝对的,有一定的参考价值,但其对孩子的影响不是决定性的,这点值得妈妈们注意。

52 不要那么冲动哦！
——培养孩子强大的自制力

很多妈妈总是抱怨自己的孩子没有自制力，没有一件事情能专心致志地从头做到尾：让孩子看看书，总是没翻几页就丢到一边去做其他事情；写作业也一点都不专心，往往写着写着就去玩游戏或看电视了；爱冲动，经常使性子、乱发脾气……总之，孩子完全不懂得如何控制自己的行为，冲动而又任性妄为，做事永远只有"三分钟热度"。

相比成人而言，孩子更缺乏自制力，做事也更冲动，这样的孩子通常很难干好自己的事情。冲动的孩子都有一个共同特点，就是不想后果，完全由着性子乱冲乱撞，做事东一下西一下，没一件事能专心对待，到最后一件事也办不好。

> 有个男孩正读小学三年级，他个性冲动，看到别人有什么好玩、好看的，总是不管不顾地抢过来，经常因此和别的孩子发生争执。学习的时候也是一样，总是做着语文作业，突然想到数学习题，就马上拿出来看看，把语文作业丢一边。
>
> 最近，他更是迷上了电子游戏机，不管是写作业还是上课，都忍不住把游戏机拿出来玩，而且一玩就停不下来。
>
> 用妈妈的话说，他一分钟能有100个想法，做事极其冲动，一会儿东，一会儿西，想让他集中注意力学习半个小时，简直如同受刑一样。可想而知，他这么冲动又缺乏自制力，学习成绩自然也好不到哪儿去。

可以说，冲动、缺乏自制力是注意力的大敌，没有自制力又怎能克制自己专注于某件事？经常冲动行事的孩子根本无法控制自己的注意力不被其他事情分散。然而，自制力并不是一夜之间就能产生的，也不是只要下定决心就可以立即形成的。所以，我们要提升孩子的自制力，让孩子能更专注地做一件事，需要一个过程。

✎ 从生活点滴入手，培养孩子自制力

孩子因为年龄小，做事易冲动，缺乏自控力，注意力也不稳定，做事往往有头无尾，我们可以从生活点滴入手，培养孩子的自制力。

可以引导孩子完整地做好他自己的事情，而不是凡事都由我们替他做，当然，先让孩子由容易的事情做起。比如，可以让孩子整理

自己的书包，将上课需要的课本、文具都自己准备好。这个过程我们不要插手，让孩子自己独立完成，当他习惯了自己整理好书包后，再进一步增加事情的难度，比如让他整理书桌、衣柜，把房间打扫干净……

当然，如果孩子不愿意做这些事，我们可以心平气和地告诉孩子："宝贝儿，这是你自己的事情，你得自己完成，爸爸妈妈有时候工作太忙，会顾不上你。因为你长大了，妈妈才能这么放心地把这些事交给你，你不会令妈妈失望的，对吗？"

跟孩子讲清了他为什么要做那些事后，孩子会比较能接受，也许一开始还需要我们的督促，但当这些行为变成一种习惯后，他就能自觉地行动，而他的自我约束意识和自我管理能力也自然而然形成了。当然，他做事也就能够集中注意力了。

给孩子设定一个冲动惩戒机制

可以在平等的基础上，与孩子一起设定一个冲动惩戒机制，并和孩子一起贯彻执行。比如，如果孩子一冲动，丢下手里正在写的作业而去看动画片，那么孩子一整天就不能看电视。还有一个惩戒方法，就是让他自己承担第二天交不出作业的"苦果"，我们不提供任何帮助，这个惩戒方式对孩子更管用。当然，我们事先应该和老师协调好，让老师知道这个惩戒机制，并配合我们帮孩子改掉冲动的毛病。

如果我们也违反了冲动惩戒机制，也要自觉受罚，这能让孩子更加自觉地遵守约定，逐渐克制自己冲动的个性。

教孩子一些克服冲动的技巧

俄国著名作家屠格涅夫曾经为一位做事冲动的朋友出过一个主意：当他冲动想要发火的时候，先将舌头在口腔内卷10下，这样就能在一定程度上压制住朋友的冲动。

我们也可以告诉孩子，在一件事情还没做完之前，不要去做下一件事，如果一时冲动，想丢开没做完的事情而去做下一件事，先问问自己："我把眼前的事情做好了吗？"这样就能限制孩子的冲动行为。

另外，还可以让孩子在嘈杂或充满吸引力、诱惑力的环境中训练自己的自制力，比如，让孩子在闹市中读书。为了集中精力在书本上，孩子必须克制周围环境对他的诱惑，这个过程不仅提高了孩子的自制力，也提升了他的专注力。

53 你想什么时间完成?
——教孩子给自己规定完成期限

孩子做事拖拖拉拉十分常见,面对这种情形怎么办?

> 有个男孩做事非常拖拉,每次妈妈六点半叫他起床,七点了他还赖在床上没动,八点就要上课了,七点半他还在家磨磨蹭蹭吃早餐。
>
> 在课堂上也是一样,每次老师留的课堂习题,他都很难立即集中注意力,通常都是坐在座位上胡思乱想,或是东张西望,直到被老师训斥后,才无奈地开始动手。
>
> 明明也就半个多小时的家庭作业,非要拖到很晚才做,做完都快半夜十二点了。
>
> 看着儿子总这么拖拖拉拉、磨磨蹭蹭,妈妈非常着急。

注意力低的孩子大都有类似的毛病，明明一分钟可以做完的事情，非要拖十来分钟，明明半小时可以做完的事情，能拖一个多小时。因此，孩子总觉得时间不够用，能写完作业就不错了，写完后玩的时间都没有，更不用说空出时间来复习功课、学习其他东西等。

而注意力高的孩子则能更有效地利用自己的时间，因为他们能更快、更专注地投入到新的任务，因此能够比别人更快地完成手里的任务，然后投入到下一个任务中去。这样一来，他就有更多的时间安排其他事情，他的时间也就显得更充足。

孩子并不是天生就懂得利用自己的时间，很多孩子都没什么时间观念，注意力又不够集中，因此总觉得时间不够用。有的妈妈自己都没有时间观念，做事总是拖沓、磨蹭，今天的事推到明天，明天的事又推到后天，这样又如何能要求孩子充分利用自己的时间，在一定的时间内完成一件事呢？我们懂得珍惜时间、节约时间，才能教会孩子有效地利用时间。

要想让孩子有效地利用时间，我们就要从小培养孩子的时间观念，教他自己规定事情的完成期限，否则他只会无限期地拖下去。

不要纵容孩子说"等一下"的行为

孩子大都没什么时间概念，什么事情都喜欢一拖再拖，"等一下"就是他们的口头禅。我们让孩子不要再玩游戏了，他会回我们"等一下"；我们让孩子早点去写作业，他也会回我们"等一下"……

其实很多时候，我们都会事先规定好孩子的游戏时间，但他没有把握住自己的游戏时间，在规定时间快到时还会接着玩新的游戏项目，因此我们阻止他继续上网时，他会欲罢不能地说"等一下"。这时，我们要告诉他："以后不要再说'等一下'，既然已经规定好游戏时间，就要有时间概念，看时间快到了，就应该准备'收工'了。不能等，拖来拖去就耽误了。"

也可以在生活中借助有规律的作息来培养孩子的时间观念，让他逐渐习惯在规定的时间内完成一件事，而不是常用"拖字诀"。比如，孩子起床后要洗漱，之后吃早餐，然后上学。可以告诉孩子一个明确的时间，比如，"用十分钟洗漱完""七点半了，准备上学了"……久而久之，孩子就会把自己的行为与固定的时间联系起来，而不会动不动就说"等一下"。

不要强迫孩子执行我们制定的计划

妈妈没有问儿子的意见，就擅自为他制定了一个学习计划表，规定每天只能在晚上6:00~6:30之间看电视。可是儿子很喜欢看的动画片要6:30才会播放，每次到了动画片播放的时候，妈妈就会"啪"的一声将电视关掉，对儿子说："行了，时间到了，快去看书！"

儿子对妈妈提过几次，希望更改计划表，妈妈却说："不是已经给了你半小时看电视吗？你别得寸进尺啊！"看妈妈凶巴巴的样子，儿子也不敢再坚持他的意见。

就这样，儿子最后只能乖乖地坐在书桌旁写作业，可每次都是"身在曹营心在汉"，写着作业，却想着没看成的动画片。可想而知，在这种心不在焉的状态下，他的作业又怎么能写好呢？

其实，孩子会出现这样的情况，与我们有很大的关系，采取这样的强硬措施让孩子按我们定的计划行事，只能招致孩子的不满，我们虽然管住了孩子的行为，却管不住孩子的心，导致孩子无法专心做事。如果我们能与孩子一起制定学习计划，结果就不同了，相信孩子会更愿意按照计划行事。

比如，像前面案例中的妈妈，如果能与孩子一起讨论，将看动画的时间调到6:30~7:00之间，让孩子先写作业，再看电视，或是看完动画片，再把剩余的作业写完，那么结果就完全不一样了。虽然仍然只给了孩子30分钟看电视，但孩子能看到他最喜欢的动画片，他就会很开心，有满足感，这样他就能更专注地投入到接下来的学习中，而且他会觉得能自由地掌控自己的时间，也就更乐于接受并执行这个学习计划。

教孩子学会自己安排时间

我们在教孩子学会给自己规定时间期限的过程中，也要教他学会自己安排时间。比如，有的孩子习惯回家后就写作业，而有的孩子则希望能看完电视再写作业，我们要根据孩子自身的特点，指导他在自己最佳的学习时间学习，这样孩子更专注，效率也更高。当孩子学会安排自己的时间后，他就能养成在规定的期限内专心地、高效地完成一件事的好习惯。

54 走，一起去跑步！
——舍得让孩子参加体育锻炼

妈妈一般都很注重孩子的身体健康，为了孩子能有强健的体魄去迎接人生的风浪，妈妈们刻苦钻研各种营养餐、各类保健品，就为了孩子能有健康的身体。然而，很多妈妈往往忽略了最根本也最有效的方法，那就是多让孩子参加体育锻炼。

体育锻炼能强身健体，这我们都知道，可真正舍得让孩子去参加体育锻炼的却很少，因为很多妈妈觉得参加体育锻炼是浪费孩子宝贵的学习时间，为了考高分，上好大学，孩子必须把时间都用在学习上，哪还有多余的时间搞体育锻炼？

殊不知，体育锻炼不仅可以强健孩子的身体，还能激活他的思维，促进他智力水平的发展，对提升孩子专注力也有着积极的作用。科学研究表明，人在进行体育锻炼的时候，会产生三种神经传导物质：多巴胺、血清素与正肾上腺素。多巴胺能安抚情绪；血清素可以帮助记忆；正肾上腺素可以增强人的专注力。

这些激素能让人感到愉悦并有助于集中注意，能让人的大脑更好地工作。美国哈佛医学院心理学教授约翰·拉特伊也说过:"身体锻炼能够在很多方面让你的大脑处于学习的最佳状态,锻炼可以使大脑细胞变得更有柔韧性,同时使得细胞相互之间的联系更加紧密。正是大脑细胞之间的联系使我们能够很快掌握新信息。"

可见,我们不能再让孩子"两耳不闻窗外事,一心只读教科书"了,学习重要,身体也很重要,如果不让孩子去参加体育锻炼,即使吃再多的营养餐、保健品也无济于事。

> 有个女孩学习很刻苦,别的同学课间活动的时候,她在埋头苦读,连体育课都很少上,经常请假自习。回到家后,她也很自觉地钻进自己房间,认真学习,直到很晚才睡,周末也很少出门。妈妈见她这么努力,更是绞尽脑汁地给她设计营养餐。
>
> 然而,即使是这样,她的学习成绩仍然只是中等水平,考试也从来没得过高分。
>
> 原来,这个女孩因为缺乏锻炼,身体素质越来越差,虽然有妈妈的营养餐,但是仍然感冒发烧等小病不断。身体不舒服,学习起来自然注意力也没那么集中,因此她花在学习上的时间虽多,但却没什么效率。
>
> 因为很少运动,很多运动项目她都不会,比如篮球、羽毛球、乒乓球……每当同学在一起运动时,她都静静地坐在一旁看书。久而久之,她越来越孤僻,每次考试临近,心理压力就特别大,又不知道如何为自己减压,学习起来也越发吃力。

俗话说："身体是革命的本钱。"没有一个健康的体魄，又如何能更加专心地学习呢？因此，无论孩子的学习任务多繁重，都要让他抽出时间来参加体育锻炼，这不仅可以增强孩子的体质，还能调节他的心情，缓解他的压力，与此同时，还可以提升他的注意力。

重视体育锻炼，为孩子做榜样

如果我们还是像以前一样，认为体育锻炼在学习面前必须靠边站，那么孩子不仅身体素质达不了标，学习的时候也无法达到最佳状态。所以，我们必须改变以前的观念，开始重视体育锻炼，告诉孩子体育锻炼和学习一样重要。

当然，为了让孩子重视起体育锻炼，我们也得以身作则，为孩子做个好榜样，比如，早上不再睡懒觉，而是带着孩子一起去跑步；周末也不再"宅"在家里看电视，而是带着孩子去游游泳、爬爬山……在锻炼的过程中，我们可以和孩子互相鼓励坚持下去，还可以进行一些适当的竞争，激发孩子锻炼的主动性。

这样一来，不只是孩子，连我们的身体都得到了很好的锻炼。很快我们就会发现，不仅孩子学习成绩提高了，我们自己的工作效率也有所提高。

给孩子创造体育锻炼的条件

在家里也可以进行一些体育锻炼，但毕竟条件有限，有的运动并不能完全施展开。我们可以带着孩子在小区附近跑跑步（当然要保障安全），有的小区还设置了运动器材，我们可以每天带孩子去那里锻炼。

我们还可以每天带着孩子爬楼梯，而不是坐电梯，这也是很好的锻炼方式。如果有条件的话，还可以为孩子办一张健身俱乐部的健身卡，每天带孩子去锻炼1个小时。这对他的身体和心理都是极有好处的。

督促孩子持之以恒地进行锻炼

孩子也许一开始会很乐意和妈妈一起出去跑步，可是跑了几次后找不到乐趣了，就不愿意再跑了。俗话说："冬练三九，夏练三伏。"体育锻炼贵在坚持，要起到强身健体的效果，必须持之以恒，如果三天打鱼两天晒网，肯定起不到强身健体的功效。

可以给孩子制定一个锻炼目标和计划，让孩子循序渐进地进行体育锻炼，并鼓励他坚持按照计划锻炼，完成每天的计划。我们要告诉孩子，只有坚持才能见到成效。孩子坚持锻炼，不但会有一个好身体，还有利于培养他的意志力和注意力，使他形成良好的个性品质。

55 你能独立完成！
——鼓励孩子自己做作业，我们不陪

很多孩子都有写作业慢的毛病，每次写作业时总是东摸西看，很容易受到外界干扰，哪怕一只小虫飞过都能研究半天，就是无法专心写作业，因此写作业的效率极低，花在写作业上的时间自然就很长。

于是有些妈妈只好陪在孩子身边，监督他完成作业，在孩子写完作业后，还会帮他检查，发现错误就立即指出，并说出答案让孩子改正。这样的做法只会让孩子的注意力更加不集中，他会觉得：反正有妈妈在，出错了妈妈会帮忙改正，我不用那么认真写作业。长此以往，孩子不仅注意力容易分散，而且还会丧失自我判断作业正误的能力。

来看看下面这位妈妈是怎么做的吧：

儿子快要上三年级了，之前都是我监督他写作业，并给他检查作业。可是有一次，我因为工作忙需要加班，没能陪他写作业，结果他乐得自在，一会儿玩这个，一会儿玩那个，等到我晚上十点多回家时，他还没完成作业。

我觉得这样下去不是办法，得让儿子学会独立完成作业，不能再陪他写作业了。但是不陪在身边监督，又怕儿子不专心写作业。怎么办呢？

于是我就想了一个主意，鼓励儿子说："从现在开始，妈妈不会再监督你写作业，妈妈相信你一个人能更好地完成作业！"儿子点了点头。

我又说："既然你也同意，那我们一起立个规定吧！"于是，在我们的商议下，一个规定新鲜出炉：以后每天放学回家后，要第一时间写作业；保证在1个小时内（极特殊情况除外）完成作业，如果没完成也不能再做了，并自己承担没完成作业的后果。

有了这个规定，儿子比以往更专心地写作业，有时不到半小时就写完了。这不但让我觉得惊喜，儿子自己也觉得不可思议，他发现原来独立写作业也不是那么困难的事，这更增加了他以后独立完成作业的信心。

这位妈妈的做法显然很明智，也许孩子独立完成作业的质量没有妈妈陪在身边时高，但他的注意力以及自信心却得到了很好的锻炼。因此，我们一定要鼓励孩子独立完成作业，从根本上改变孩子写作业注意力不集中的毛病。

要求孩子在规定的时间内完成作业

很多孩子写作业拖沓、磨蹭都是因为没有时间紧迫感,总觉得时间还够用,不肯专心写作业。

我们不妨试试前面这位妈妈的办法,给孩子规定完成作业的时间,这样他就有了时间紧迫感,会更专心地投入到作业中。现在很多学校提倡给孩子减负,布置的作业一般都不会超过1个小时,所以,我们可以规定孩子1个小时内完成作业。

还可以教孩子自己测算做完所有作业所需要的时间,然后让他以这个时间为目标写完作业。我们可以先让孩子记录自己在10分钟内能写多少作业,然后根据这个速度,估算他到底需要多长时间才能完成所有的作业。

通常孩子写作业的最初10分钟注意力最集中,这10分钟的效率也是最高的,因此算出来的所需时间也比较短。孩子算出自己所有的作业其实只需要这么些时间就能做完,自然会一心一意写作业,争取能在这个时间内完成。

当然,我们也不能给孩子胡乱制定规矩,比如,让孩子必须在30分钟内完成作业,并且出错率必须控制在1%以内。这种事情连我们成人都未必能做到,更何况孩子?所以一定要根据孩子每天的作业量来合理规定完成作业的时间。

让孩子把家庭作业当成一场考试对待

孩子通常在考试的时候注意力会很集中,他不会一边考试一边吃东西,或一边考试一边玩游戏,因为担心考不好,总是会认真仔细地琢磨每一道题，而不是像写作业一样，只想快点写完，交差了事。

我们可以让孩子把作业当成考试一样严肃对待：做作业之前先仔细审清题目，不能因为一时粗心或手快而算错或写错答案；写完作业后，再让孩子如同在考试中一样，把所有题目都检查一遍，看看有没有漏答或答错的题目，然后及时补上或更正；最后，别忘了像在考试中那样，给自己的作业"打打分"，看看自己还有哪些知识没有掌握。

如此一来，孩子就会被代入考试的紧张感和任务感，从而全身心地完成作业。

给孩子创造一个独立完成作业的环境

很多孩子之所以不能专心写作业，和他周围的环境有很大关系。比如，有的孩子之所以一边写作业，一边看电视、看电脑，是因为电视和电脑就在他身边，让他无法抵御诱惑。在孩子写作业的时候，如果在同一空间，我们应该把电视等会分散孩子注意力的信息源关闭；如果不在同一空间，我们也应该尽量把音量放小，以免干扰孩子写作业。

孩子写作业的书桌上也要避免放机器人、汽车等各种玩具，电脑最好不要放在孩子的书桌上。如果孩子需要电脑完成作业，就要避免孩子在写作业的同时玩电脑游戏，或浏览与学习无关的网页。

当然，我们也要注意不去干扰孩子，比如给他端杯水、递个苹果之类，这都会分散孩子的注意力。

56 做好这一件事！
——让孩子学会每次只做一件事

很多孩子做事效率极低，尤其是在学习上，总是一边看书或写作业，一边还想着没通关的游戏或自己想看的动画片；还有的孩子正在写语文作业，却想着之前还没解出来的数学题……结果他忙了半天，一件事都没做好，完全没有忙在点子上。

这位妈妈的教训就很深刻，她是这么说的：

> 我儿子活泼好动、兴趣广泛。他喜欢看漫画书，所以对画漫画很有兴趣；看到别人小提琴拉得很好听，对小提琴也提起了兴趣；看到广场上有人跳街舞，他觉得很帅，也有学习的冲动；作为一个好动的男孩，他对跆拳道也有强烈的兴趣……
>
> 我见儿子这么"好学"，很欣慰，于是拿出几张培训班的宣传资料，让他自己选择。儿子觉得这个也不错，那个也很

好，于是打算把自己感兴趣的绘画、小提琴、街舞、跆拳道都报上，都学。我当然很高兴，就同意了。

然而还不到半个月，儿子就坚持不下去了。他觉得画画没有自己想象的有意思；小提琴的初级学习也非常枯燥；街舞的基础训练跳起来根本不帅；跆拳道就更别说了，每天练得他筋骨酸痛。他受不了练习和训练的枯燥与劳累，我也很心疼他，于是儿子就退出了所报的四个培训班，结果什么都没学成。

现在感觉真是很无奈啊！想不明白是哪里出了问题。

事实上，同时做几件事，就很难专心，最后连一件可能都做不好。就好比孩子在学习的时候听歌或是给朋友发消息，这样自然没法把注意力全都放在学习上。

孩子在学习、做事的时候，最大的敌人就是注意力涣散，因此，我们要告诉孩子，不管面临多少事情，要想做好，最简单的办法就是每次只做一件事，并做好这件事。正如比尔·盖茨谈到自己的成功经验时说过的一样："我不比别人聪明多少，我之所以走到了其他人前面，不过是我认准了一生只做一件事，并且把这件事做得完美而已。"

当然，每次只做一件事并不是告诉孩子要忽略其他的事，而是教孩子循序渐进地完成要做的事情。只有这样，孩子才能真正处理好身边的每一件事情。

培养孩子做事的秩序感

为了避免孩子同时做两件或两件以上的事情，我们要培养孩子做事的秩序感，让孩子知道先做这件事，再做另一件事，而不是妄想自己化身为超人，同时做好几件事。

比如，孩子在写作业的时候想去看电视，这是不能允许的，我们要让孩子知道，必须写完了作业，才能去做下一件事；当然，在玩的时候也一样，如果孩子在玩滑梯的时候又想同时玩沙子，这两件事显然无法同时做到，我们应该告诉他，先玩滑梯然后再去玩沙子，或是先玩沙子再去坐滑梯，这样才能两样都玩好。

如果孩子一定要放弃正在做的事情，那么要让孩子说出充分、合理的理由，否则，在一件事情没有完成前，尽可能不让他进行下一件事。如果孩子必须做两件或两件以上的事情时，我们一定要让他分清主次，先做完重要的事情，再做次要的事情，一件一件地完成。

不要打扰孩子专心做一件事

当孩子在专心地做一件事时，我们千万不能去打扰，就像前面讲的"父母呼，应勿缓"不是万能的，"呼"时要注意"观机"，不然就会打断孩子的思路，也会使他的注意力分散。比如，在孩子专心地看一本书时，我们不要一会儿让他喝口水，一会儿让他吃口饼干，或是让他帮我们一个忙，而是要让他集中注意力做完手头的事情，再给他端杯水或递块饼干，同时还应鼓励孩子："你能这么专注地做好一件事，真是太好了！"

当然，孩子在专心玩耍的时候，我们也不能去打扰，我们可以给孩子规定学习和玩耍的时间，让孩子学的时候认真学，玩的时候痛快、自由地玩，这样孩子才能专心致志地完成一件事后再去做另一件事。

指导孩子分阶段完成要做的事情

当孩子要做的事情比较繁杂的时候，可以指导孩子分阶段完成任务。比如，孩子参加1 500米长跑时，可以建议他把赛程按照300米分段，一个一个地攻克分段赛程。这样他就能更专注，也能更坚持地完成任务。

当然，做其他的事情也是一样，可以让孩子在规定的时间内，分阶段一步一步完成要做的事情，这样不仅有利于集中孩子的注意力，还能提高孩子的办事效率。

57 要事第一！
——集中精力做必须做的事

很多孩子做事、学习总是手忙脚乱，总是抱怨时间不够用，忙来忙去什么事情都没做好……这是为什么呢？这是因为孩子没有把要事放在第一位，他把精力都放在了一些琐碎的事情上。

比如，在孩子两个小时的学习时间里，他会先整理自己的书桌和卧室，在整理的过程中，他还会顺便拿起桌上的玩具玩一会儿；然后整理自己的书包，发现自己的笔记写得不工整，也会重新抄写一遍；在整理的过程中，还给朋友发个微信……等忙完这些琐碎的事情后，他才会去写作业或学习。这时，他会觉得时间不够用，于是作业就马马虎虎地随便完成。

可以看到，在孩子这两个小时的学习时间里，真正用在学习上的时间非常少，他忙东忙西把精力都放在了一些不重要的琐事上，而需要集中精力去做的重要事情却被他丢在了一边。

这种现象在孩子中很常见，因为学习对孩子来说虽然最重要，但这件事却恰恰是很多孩子不想去做的事情，因此潜意识里总是找各种各样的借口将这件要事安排在最后去做。比如，孩子会想："等我把书桌整理好了，就能集中注意力去写作业了。"然而事实却是，孩子在整理书桌的时候，更容易被其他的事情吸引注意力，哪还能想到学习呢？

来看这位妈妈是怎样做的，以下是她的自述：

> 背单词对于儿子来说是件很痛苦的事情，他说一看到那些英语单词，头脑就发晕，所以每次老师要求回家背单词，他都是磨磨蹭蹭，就算拿起英语书，也根本没看单词，只是坐在那里装模作样地敷衍我们，有时候干脆玩玩具、看电视等，总之就是不去背单词。
>
> 我知道儿子英语成绩不好与他学英语的时候注意力不集中有很大关系，可是又怕逼着他学引起反效果。想来想去，我决定用奖罚的办法引导他学英语。
>
> 儿子很喜欢出去旅游，于是我就跟他承诺：如果你能每天回家的第一件事就是背好英语单词，周末就带你去周边的地方游玩；如果你能坚持一个学期这样学英语，那么寒暑假就带你去著名景点旅游。当然，如果没有完成这个要求，周末或寒暑假就不会出游。
>
> 在旅游的吸引下，儿子的学习动力大增，刚开始虽然是强迫自己每天回来的第一件事就是去背自己不喜欢的单词，但是渐渐地将每天集中精力完成这件要事当成了习惯，开始自觉完成背单词的任务了。
>
> 当然，任何事情都不是白做的。儿子的英语成绩有了很大

> 进步，我也兑现了自己的承诺，每逢周末就带他去附近游玩。暑假的时候，我还带他去云南丽江游玩了几天。儿子非常开心，学习的劲头也更足了。

学习对于大多数孩子来说是枯燥而痛苦的，是他们不愿意去做但又必须去做的要紧事情，因此，我们无论如何都要让孩子将注意力集中到这件最要紧的事情上。

案例中的妈妈运用奖惩制度来刺激孩子将注意力投入到原本不喜欢的学习上，这个方法能起到一定的作用，但不是长久之计。因为奖赏如果很单一或是没达到孩子想要的程度，那么就无法刺激孩子去主动做自己不想做的事情，即使那件事很重要。所以这种奖惩的方法我们不能经常用，偶尔用一下才有效果。

那么，我们究竟如何做才能让孩子集中精力去做不想做但又必须去做的事情呢？

不要让孩子被琐事吸引了注意力

很多孩子做事全凭自己喜好，通常忙了半天却发现自己在瞎忙活，正事、要紧事一件没办，忙活了半天都在做一些没必要做的琐事，这说明孩子的注意力全被一些无关紧要的琐事吸引，重要的事却被他丢在一旁。

因此，我们应该先教孩子做事前归纳出事情的紧急、重要程度，再根据事情的重要性和紧迫性的不同来安排做事的先后顺序，集中精力做重要的事情，剩余的时间再处理不重要的小事、杂事。

对于孩子来说，学习显然是最重要的事，需要花更多精力和时间去做，而在学习过程中，也要分清轻重缓急，毕竟孩子的时间和精力都有限。比如，对于自己薄弱的环节，可以让孩子花更多的时间和精力去加强，而这些薄弱的环节也往往是孩子最不愿意投入精力和注意力的。当薄弱的环节有了明显提高后，再慢慢将注意力投入到别的学科上。

至于像玩具、手机、电视、电脑……这些能吸引孩子注意力的东西，我们可以将它们搬离孩子的学习环境，避免孩子分散注意力。

指导孩子制定自己的生活、学习计划

合理的作息时间能保持孩子最佳的生活、学习状态，也能使孩子经常保持旺盛的精力，避免注意力的分散。所以，我们要指导孩子制定一个生活、学习的计划，这样他才能集中精力去做那些必须做的事情。

在制定计划之前，我们可以让孩子先将自己必须要做、经常要做的事情都列在一张清单上。比如，写作业、复习功课、锻炼身体……这些都属于必须要做，而且经常会做的事情。

然后我们可以让孩子将这些事制成计划表，比如，早上6点起床，花20分钟跑步或做其他的锻炼，然后吃早饭，大概7点准备去学校。晚上放学回家安排1个小时写作业，1个小时看书阅读，当然，也可以安排1个小时玩耍、游戏，尽量少看或不看电视，这样对于孩子来说会少一些诱惑，让孩子能集中注意力做更重要的事情。

让孩子把握好自己的灵活时间

孩子在做完重要的事情后，还会剩下一些时间，这些时间就可以称为灵活时间。要知道，孩子不可能时时刻刻都在学习或做重要的事情，这时我们可以安排孩子做一些能让他内心安宁、快乐的事情。比如，有的孩子喜欢画画，有的孩子喜欢弹琴，有的孩子喜欢跳舞，有的孩子喜欢静静地看看课外书，还有的孩子喜欢到处旅游……这些都可以在灵活时间完成。

这样一来，孩子也不会再嚷嚷没有时间做自己感兴趣的事，而且会觉得每一天都过得很充实，做事的专注度也会很高。

58 再坚持一下！
——重视培养孩子的耐力与忍耐性

下面这个孩子的行为，我们是不是都很熟悉呢？

> 有个女孩做事总是"三分钟热度"，对什么东西都无法坚持。
>
> 比如，眼前的食物还没吃完，就被另一样食物分散了注意力，迫不及待地去吃另一样；玩滑梯时，没有耐心排队，总是无视前面排队的其他小朋友而抢先插队往上爬；学习也很浮躁，一旦发现自己不会做，就轻易放弃；想要的东西也要立即得到，如果没有被及时满足，就会情绪失控，乱发脾气……

很多孩子都像这个女孩一样缺乏耐力与忍耐性，因此无法集中注意力完成一件事情，总是做到一半就被其他事情吸引了注意力，然后放弃手上正在做的事情。如果我们不重视培养孩子的耐力与忍耐性，久而久之，孩子就容易形成做事三心二意、半途而废的坏习惯。

古希腊伟大的哲学家柏拉图说过："耐心是一切聪明才智的基础。"也就是说，如果只有聪明才智而没有耐性，那么仍然无法获得最后的成功，因为人生就好比一场马拉松赛跑，如果没有耐性，就无法坚持到最后，自然也无法获得最终的胜利。

因此，我们一定要注重从小培养孩子坚强的意志，训练孩子持久的忍耐力，这样才能让孩子集中注意力做完一件事情，让孩子在人生道路上立于不败之地。

教孩子学会等待，不要有求立即应

孩子之所以变得这么没有耐性、注意力分散，原因之一就是我们对孩子予取予求，孩子要什么我们立即给他什么，或是在孩子因为要求得不到满足而哭闹时，为了安慰他，也立刻满足孩子的需要。这就逐渐养成了孩子骄纵、没有忍耐力的习性，也因此很多妈妈都抱怨自己的孩子性格急躁，没有耐性。

其实，与其抱怨孩子，我们不如改变自己的教育方式。当孩子有要求时，我们应该让孩子等待一下，这样就能在一定程度上锻炼孩子的耐性。比如，家里有人过生日，我们会准备一个美味的大蛋糕，这时孩子通常会忍耐不住想要先吃，但我们一定要让孩子等到全家人都聚齐的时候，再一起分享蛋糕。

要注意的是，我们不能答应了孩子的要求后，让他无限期地等下去，甚至忘了答应孩子的事。这不仅无法培养出孩子非凡的持久力，还会使我们在孩子心中失去信誉，对孩子的成长极为不利。

"1+3+10=镇静",教孩子学会冷静

无法控制自己的情绪和行为的孩子,通常对事情缺乏忍耐性,只要超过了他的忍耐范围,就会忍不住发脾气,甚至做出一些失控的行为。

有个男孩性格急躁,很容易发脾气,稍不如意就会发怒,甚至将自己触手可及的东西都砸得乱七八糟,每次发完脾气,他又拿着被自己摔坏的东西后悔不已。妈妈见此教给他一个可以控制自己、让自己平静下来的方法:1+3+10=镇静。

"1"是指放松;"3"是指作决定前先深呼吸3次;"10"的意思是在作出行动前,先慢慢地从1数到10。男孩觉得这个方

> 法很有趣，每次感觉情绪或行为快失控的时候，他就会用这个方法，而且每次用完这个方法，他的情绪真的会平静很多，更不会出现失控的行为。
>
> 　　就是用这个方式，男孩慢慢控制住了自己的情绪和行为，逐渐学会了忍耐。

这确实是一个能让孩子控制自己言行的好办法，当孩子忍耐不住想要发火时，我们也可以教他这个方法，告诉他遇到事情先冷静下来，不管做什么事情都要先考虑后果，三思而后行。这样一来，孩子就能抵制住玩手机、打电子游戏、吸烟喝酒等的不良诱惑，不盲目跟从。

教孩子学会坚持，进行自我激励

很多孩子什么都想干，但是没有一件事能坚持做完，总是很轻易就放弃，这又如何能做成功一件事呢？孩子要想把一件事情做好，坚持是必不可少的。要让孩子学会坚持，我们首先要调整自己的心态，不要什么事都帮孩子去做，而是要放手让孩子独立完成一件事，我们只是在一旁充当拉拉队的角色，为孩子加油鼓劲。

还可以给孩子讲一些因为坚持、努力而获得成功的励志故事，为孩子灌输"只要坚持，就一定能获胜"的信念，而且这些故事也能让孩子可以建立一个可以学习、模仿的偶像。如果目标太大、太远，我们可以指导孩子将目标分解成几个阶段，让孩子一步一步地完成每一阶段的目标，这样孩子能更容易坚持下去。

也应该教孩子学会自我激励，让他懂得在内心激励自己"一定要坚持下去""不要轻易放弃""相信自己，我一定可以的"……这样，孩子的忍耐性就会更强。在这个过程中，孩子做事、学习的专注力也会得到提升。

第九章

Chapter9

必要的练习还是不能少的！

——对孩子进行注意力训练

集中注意力并不是孩子天生就会的，需要我们对他进行有针对性的、有意识的培养。所以，采用简单、科学、实用的方法，对孩子进行相应的注意力的训练是十分必要的。这些训练，既有助于孩子集中注意力，也有利于孩子其他能力的发展。

59 让思路"追老师"！
——对孩子进行有意注意训练

注意力有无意注意和有意注意之分，前者是指没有事先预定好的目标、不需要意志力努力的注意，即我们经常说的不经意；后者则是有预定目的的、需要意志力努力的注意。有意注意是人类所特有的心理活动，能受人们自身意志的调节和支配。

孩子所具有的注意力还是以无意注意居多，这使得他的注意力容易随着外界的刺激产生变化。但是，对于孩子的日常学习和生活来说，有意注意的作用更大更多一些。有些孩子精神涣散、注意力无法集中，正是缺少了有意注意的表现。因此，在我们对孩子进行注意力训练时，要针对他的有意注意力进行训练。

孩子的有意注意能力提高了，当他在学习上遇到困难，或是在做事受到了外界的干扰时，他就会自觉地通过自己的意志力去克服。

比如，当孩子在课堂上受到其他同学的干扰，影响他听课时，如果他有控制自己注意力的能力，就可以忽视这些干扰，让自己的思路"追老师"，做到继续认真听讲。这正是有意注意力在起作用。

虽然随着孩子年龄的增长，他的有意注意力会越来越强，但如果没有经过好的锻炼，他还是会无法长时间地集中注意力，所以，我们平时不能忽视了对有意注意的训练。

与孩子谈事情时，应避免重复、啰嗦

我们在与孩子谈事情的时候，有时怕他记不清楚，难免会念叨、重复上几遍。可是，正是由于这些我们出自好心的重复，才降低了孩子的有意注意。

这是因为对于我们的啰嗦，孩子是会反感的，这很容易使他在听我们说话时漫不经心。久而久之，他已经习惯了我们的重复，也知道即使他不注意听我们在说些什么，还是会通过我们不断地重复而了解个大概。所以，他养成了听别人说话不抓重点、心不在焉的坏习惯，当然也就无益于提高注意力了。

所以，在与孩子谈事情时，应该避免啰嗦，最好只讲一遍，以便让孩子明白，他要想达到听清楚我们所说事情的目的，有必须集中注意力地听我们说话，这样他才能抓住我们说话的重点，将我们的话听清楚。我们讲完后，不妨让孩子重复一遍。这样有意识地不断对孩子进行有意注意的训练，孩子的注意力一定会有所提高。

引导孩子进行自我有意注意训练

如果孩子上课听讲不够专心，不妨多告诉他一些认真听老师讲课的好处和重要性。比如，他如果上课能集中注意力认真听讲，思路能跟得上老师所讲的内容，他在课下写作业时就比较省事了，平时的复习时间

也能缩短很多，考试也能考得比较好，等等。对孩子的这种提醒，可以引导孩子有意识地对自己进行自我有意注意训练。

通过娱乐和游戏，对孩子进行有意注意的训练

一些娱乐项目和游戏，可以让孩子在轻松愉快的气氛下锻炼自身的有意注意力。比如，看书、下棋、玩拼图、数字接龙游戏、端乒乓球比赛等，都是需要孩子集中精力才能完成的事情，也都是对孩子进行有意注意训练的好方法。

孩子长时间地沉浸在他感兴趣的活动中，不但会因此有愉悦的好心情，还会渐渐明白专注的重要性，也能学会如何集中精神去做事情。我们平时不妨多陪孩子做一做、玩一玩可以锻炼他有意注意力的娱乐或游戏项目，对他进行注意力的训练。当然，这也可以增进我们和孩子之间的感情。

有一个不错的有意注意训练——舒尔特训练法（即舒尔特方格，Schulte Grid），在这里简单介绍一下。据说，舒尔特方格是世界上最简单、最有效也是最科学的注意力训练方法之一。

舒尔特方格是在一张方形卡片上画上1厘米×1厘米的25个方格（可以自制，也可在网上下载），在格子内任意填写1~25

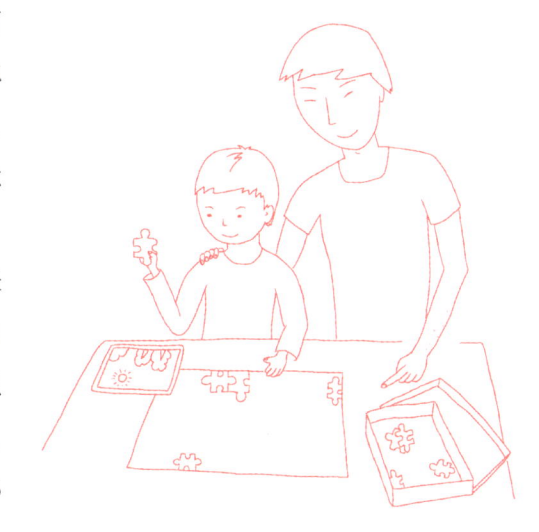

共25个阿拉伯数字。训练时,要求被测者(孩子)用手指按1~25的顺序依次指出其位置,同时诵读出声,也就是从1开始,边念边指出相应的数字,直到25为止。施测者(父母)在一旁记录所用时间。数完25个数字用时越短,表明注意力水平越高。因为寻找目标数字时,注意力需要极度集中,当反复练习强化这短暂的高强度的集中精力过程时,大脑的集中注意力功能就会不断巩固,从而提升注意力水平。

以7~12岁年龄组为例,达到26秒为优秀,学习成绩应名列前茅;27~42秒属中等水平,班级排名会在中游或偏下;43~50秒则问题较大,考试可能会不及格。以12~14岁的年龄组为例,能达到16秒为优秀;17~26秒属中等水平;27~36秒则问题较大。18岁及以上成年人最好可达到8~12秒的水平;13~20秒为中等水平。

如果有兴趣继续提高练习难度,也可以在25格里写上打乱顺序的五言绝句,再有几个不太相关的字作干扰项,类似央视《中国诗词大会》节目给选手出的题目。还可以制作36格、49格、64格、81格的表。训练可由妈妈主持,每天坚持对孩子进行5分钟训练,可有效地改善孩子注意力分散的症状,明显改善和提高孩子的注意力水平,从根本上做到上课注意听讲,高效率、高质量完成作业,提高学习效率,自然而然地降低考试错误率,顺理成章地达到提高考试成绩的目的。

但很多事物都不是完美的,这种号称"简单、高效、科学"的训练方法也有缺点,因为这种训练枯燥乏味,更适合有毅力与使命感的特殊人群,对于年龄较小的孩子采用这种方法效果可能会打一定折扣。尽管如此,做妈妈也不妨给孩子尝试一下。

60 引导孩子多读书！
——对孩子进行阅读训练

苏联著名作家奥斯特洛夫斯基曾经说过："光阴给我们经验，读书给我们知识。"人类的科学文化知识是靠书籍传承下来的，读书，不但可以帮助孩子汲取知识、开阔眼界，还可以使他继承古老而灿烂的文化，吸取前人的智慧和思想精华。

此外，经常读书，带给孩子的不仅仅是文化和智慧，还有一份全神贯注的精神，以及"腹有诗书气自华"的优雅气质。也就是说，读好书，会让孩子气质提升，有好的气象（指具有高超精神境界的圣人与贤人在其外表所表现的精神面貌和人格特征）出来。因此，引导孩子多多地读书，对他进行必要的阅读训练，从他小时候起就培养他喜爱阅读的好习惯，既是增长自身学识的需要，也是提高注意力、培养良好气质的需要。

> 毛主席在湖南省立第一师范学校（今湖南第一师范学院）

> 读书期间，为了培养自己的专注力，锻炼自己的意志，每天都故意坐在闹市口看书（譬如当时长沙成章街头的菜市场），以便使自己在任何时间和场所都可以很好地学习。后来，他成为国家领袖，仍不忘每天抽时间看书，并把自己看书的地方称为"菊香书屋"。

古今中外，有许多名人、伟人都酷爱读书。他们聚精会神地读书，也通过读书来提升自己的专注力，他们做起事来总是能将自己的注意力高度集中起来，而这也正是他们之所以能成功的主要原因之一。

多读好书、爱好阅读，对于孩子来说，真是有百利无一害的好事情！可是，现在有许多孩子却因为专注力较差，无法长时间集中注意力去阅读。因此，对孩子们进行阅读训练，培养他们的专注力，提高他们注意力的稳定性，是非常必要的。

那么，我们怎样对孩子进行阅读训练呢？

引导孩子明确读书的目的与目标

孩子明确了读书的目的，知道了为什么要读书，就可以更加专注地去读书，更加喜爱读书。

要让孩子明白，他读书的最终目的是为了明事理、有见识、会做人，并学以致用，把握自己的人生，为人民、为社会、为国家服务⋯⋯就如古人读书的志向——读书志在圣贤，这所有的一切都需要他通过专心致志地读书去获得，当孩子知晓、理解了这些之后，必定会愉快而积极地配合我们对他进行的阅读训练，毕竟，每个孩子都想成为有用的人、受欢迎的人。

培养孩子对阅读的兴趣

孩子对阅读有了兴趣，就能更加积极主动地去读书。培养孩子对阅读的兴趣，是我们对孩子进行阅读训练的主要内容之一。

可以先从孩子的喜好入手，多读一些他喜欢的书籍，以提起他对阅读的兴趣；也可以经常带孩子逛逛书店，让他感受一下书籍的魅力与震撼，促使他爱上读书；还可以经常给他讲一些名人读书的故事，使他能从中有所感悟……

此外，我们与孩子做关于阅读的互动游戏，也可以提高他的阅读兴趣。比如，当我们给孩子读完一个故事后，可以让他再复述一遍，这既是对他专注力的考验，也是对他表达能力的锻炼；我们还可以就故事中的内容和情境陪他玩问题游戏，或是编排小话剧等等。

培养孩子每天阅读的好习惯

读书贵在坚持，孩子静下心来读一次并不难，难的是让他每天都坚持认真阅读。一旦他拥有了每天坚持阅读的好习惯，对提高他集中注意力的能力会非常有好处。

为此，我们可以引导孩子每天都充分利用时间进行阅读，比如，早晨起床时；午餐后午休前的一段时间；晚餐后的休闲时间……

此外，在培养孩子每天阅读的好习惯时，我们要提醒他选择适合他阅读的书籍，如国学启蒙读物、经典童话、励志故事、地理和历史类书籍等，避免不良书籍对他身心的侵害。

教给孩子一些阅读的方法与技巧

要对孩子进行阅读训练，就有必要教给他一些阅读的方法与技巧，以便他能更好地阅读，读更多的书，可以更快、更准确地把握书中的主旨内容，学到有意义的东西，做到事半功倍。

我们可以告诉孩子，读书要先学会粗读，了解大概意思后再精读；读书时，要注意动手、动脑，勤于思考、善记笔记，会使阅读更有意义；反复阅读对他自身有益的书籍，随时发现新知识。

在这里重点介绍一下朱子（朱熹）读书法。

关于怎样读书，朱熹提出过很多重要的原则和方法，他的弟子将他的训导加以概括总结，归纳出了"朱子读书法"，分别是：循序渐进，熟读精思，虚心涵泳，切己体察，著紧用力，居敬持志。

循序渐进。朱熹强调读书应该按照一定的次序，好比要读两本书，要先读通一本之后再读另一本。如果读一本书，就要篇章文句，首尾次第，按照一定的次序去读。否则，"元来道学不明，不是上面欠工夫，乃是下面无根脚"。

熟读精思。读书时一定要多读，最好能记住，甚至是背熟，熟读才能了解书中的内容。除了要读正文，包括注解在内的非正文也应该好好读一读，要熟悉得就好像是自己亲自查阅注解出来的一样，这样才能对书中所讲理解得更通透。不仅如此，对于所读之书还要多多思考，以更好地理解书中所讲的内容。

虚心涵泳。读书时一定要保持一个虚心的态度，要平心静气地去体会古圣先贤所讲的道理，不要只懂皮毛就要自立其说，结果反倒是穿凿附会，还有可能曲解书中原本的意思，容易形成误读，反倒是没了读书的正确结果。

切己体察。读书不能只是读文字，要将整个身心投入到所述道理中去，要多体会圣贤语言所讲的内容道理，多一点切身体会，这样才能将书中的道理理解透彻。

著紧用力。读书不是一件可以一直推脱不做的事情，一定要抓紧，"宽着期限，紧着课程。为学要刚毅果决，悠悠不济事。"《弟子规》上也有类似的说法："宽为限，紧用功。"读书时"直要抖擞精神，如救火治病然，如撑上水船，一篙不可放缓"，抖擞精神，用心不放松。

居敬持志。读书时要将心收回来，不能心乱，要专一。只有这样才能好好体会书中的道理，并能让道理融进自己的思想之中。

好的阅读方法和技巧，可以让孩子更能体会到读书的快乐，当他能把书读透，能与作者心意相通，并能产生共鸣之时，他会受到感动，也会因此更加喜爱上阅读。

与孩子一起阅读，营造良好家庭氛围

我们每天与孩子一起阅读，不但有利于提高他对阅读的兴趣，帮他养成每天阅读的好习惯，还会增进我们与孩子之间的感情，并营造出良好的家庭氛围，使家中充满书香之气。

为此，我们可以规定出家庭阅读时间，也可以举办家庭阅读比赛，还可以与他交流各自所看的精彩书籍、探讨书中的问题，等等。

我们对孩子所进行的阅读训练，将使他更加醉心于阅读，更能少些浮躁，也将使他的专注力越来越高。

61 让孩子大声读书！
——对孩子进行眼耳口协调训练

视、听效果和语言表达效果，是衡量注意力是否集中的重要标准之一，而这三方面能力的协调配合，则是集中注意力所必需的，任何一方面有不足，都会影响到注意力的集中程度。因此，我们在对孩子进行注意力的训练时，一定要对孩子的视觉、听觉和语言表达能力的相互配合加以训练，即对他进行眼、耳、口的协调训练。

而对孩子眼、耳、口协调配合的最好训练，莫过于大声读书了。对于这一点，美国专栏作家崔利斯在其著作中早有论断。

> 崔利斯有感于美国儿童阅读水平的普遍下降，花了10多年的时间对儿童阅读活动进行了研究和实践。1979年，他将自己的研究成果呈现于世，以大量翔实可信的案例，说明了让孩子大声读书的重要性和好处。之后，有越来越多的父母开始关

> 心、鼓励孩子大声读书了。

大声读书（即朗读），其实是将文字转化为语言的一种有声阅读的方式。它是阅读的起点，是帮助孩子进行阅读的一项基本功，也是让孩子眼、耳、口协调配合的重要手段之一。所以，我们应该引导孩子每天都进行大声朗读，并对他提出一些相关的要求，如不读漏字、不错读断读等，即是对孩子注意力的训练。

让孩子在美妙的读书声中成长

当孩子还是一个小胎儿的时候，我们就可以读书给他听了，即胎教。这将会提高他在出生后对我们读书声的敏感度，从而使他越来越喜爱这种声音了。

当孩子还小，不具有大声读书的能力时，我们每天的读书声，对他来说就是一种熏陶、一种引导，在不知不觉中，他的阅读兴趣就渐渐地被激发出来，变得愿意自己阅读。

当孩子有了看图说话的能力时，我们不妨多给他一些鼓励和启发，让他的眼、耳、口就此协调配合起来。

当孩子能捧起书，和我们一起大声读书时，请每天都抽出一点时间（15～30分钟）陪他进行读书活动吧！这不但会增强他的阅读能力、提高他的专注力，还会使我们与孩子更加亲密。

孩子在美妙的读书声中成长起来，他自然会爱书、爱看书、爱大声地读书，当然，在他大声读书的过程中，他眼、耳、口的协调力也就得到了锻炼，专注力也会越来越强。

帮孩子将大声读书变成习惯

注意力的提升，需要持之以恒的努力，孩子"三天打鱼，两天晒网"式的读书，对注意力的提升起不到多大的作用，也不会对眼、耳、口的配合起锻炼作用。所以，我们要帮助孩子将大声读书变成一种习惯，哪怕他每天只有15分钟是用来大声读书的，但只要他用心了、认真了、专注了，日积月累，也会受益良多！

引导孩子充分利用零碎的时间大声读书

让孩子每天都拿出大段的时间大声读书有些不太现实，不过，我们可以化整为零，引导他充分利用每天的零碎时间大声读书。

可以建议孩子早晨早起几分钟，大声读一会儿书后，再去洗漱、吃饭；也可以建议他利用好学校里的早读时间大声读书；还可以提醒他在中午休息时，在家里或在学校里找个不打扰他人的地方大声读书……当孩子充分利用了所有的零碎时间大声读书时，就会发现，原来可以用来读书的时间竟然如此充裕！

孩子所读的书籍要适当

孩子用来大声读的书籍，一定要是健康的，最好是辞藻优美、朗朗上口，又蕴含道理的，那些经典之作，如《弟子规》《论语》《大学》《中庸》《易经》《道德经》《太上感应篇》《三字经》《朱子治家格言》

《了凡四训》等，就特别适合孩子用来大声朗读，也值得我们成年人认真品读。只要去读，哪怕只读懂一句两句，那也是人生的智慧，可能是他在生活中碰几次壁都总结不出来的。

此外，一些优美的诗歌、优秀的文章，以及文学作品中的一些经典片段，也很适合孩子大声读出来，这些都可以让他得到美的享受，并且会让他越读越有心得，越读越长知识。

顺便多说几句，在中国古代，读书人读书的方式有很多种，以方法而论，有歌、唱、诵、读、吟、咏、叹、哼、呻、讽、念、背等多种方式。今天说的"朗读"源自西方话剧，而话剧的语言方式，源于欧洲的读书方式"read"。也就是说，现代朗读，是受了欧洲重音节奏语言的读法的影响，抛弃了汉语传统读法的规矩的一种新读法，所以朗诵最重视轻重、节奏，而很少重视腔调。今天对经典的诵读可以是吟诵，也可以是现代朗读。

教孩子使用正确的方法大声读书

儒家启蒙经典《弟子规》中讲："读书法，有三到，心眼口，信皆要。"意思是说，在读书时，心要记，眼要看，口要读。这三者缺一不可，确实都非常重要。

孩子在阅读文章时，在大声地读书时，不能东张西望，也不能心不在焉，而是应该聚精会神地专注于书本，字正腔圆地将书中的文字读出来。

孩子对自己所读的内容，一定要用心去记，这样他的大声读书才会变得有意义，才会真正学到知识，也才会将自己的眼、耳、口的功能都调动起来，并使之协调配合，将自己的注意力都集中在书上。

62 送鸡毛信喽！
——对孩子进行目标引导训练

不论是谁在做事，也不论做的是什么事，一般都会有一个目标。达到了目标，代表事情做成功了，若没有达到，就代表事情并不成功。

只要专注地向着预定的目标努力，总有一天，成功会属于那些永远坚持不懈的人。就像《鸡毛信》中那勇敢、机智的抗日小英雄海娃，为了成功送达鸡毛信这个目标，不管遇到什么困难，经历了多少波折，都要向着目标前进！这是一种勇敢无畏的精神，也是一种高度专注于目标的表现，值得现在的孩子们去好好学习。

孩子的注意力容易分散，我们要想他能专注于目标，就有必要对他进行目标引导训练。所谓目标引导训练，即先定下目标，再将孩子的注意力引向这个目标，最后通过训练，实现这个目标。

有个女孩每次写作业时都很磨蹭，总是边写边玩。妈妈用目标引导的方法最终帮她提高了做事时的专注度，也成功地解决了她写作业不专心的问题。

一天，当女孩又边写作业边玩时，妈妈就问她："你知道世界上什么东西最宝贵吗？"女孩想了想回答说："我听我们老师说过，好像是时间！"妈妈点了点头说："你说得对，确实是时间！那你平时应该怎样做呀？"女孩说："当然是要珍惜时间呀！"

妈妈听后说："不错，是要珍惜它！可是，你写作业时边写边玩，每天都要浪费很多时间，甚至连睡觉的时间都耽误了，这样做好吗？"

女孩听后惭愧地低下了头，只听她小声地说："妈妈，我做得不对！可是我总也管不住自己，写着写着就想玩会儿。"

妈妈笑着说："只要你知道错了，肯改就行！别着急，慢慢改，今天你少玩会儿，少浪费一分钟，明天你再少玩会儿，再少浪费一分钟，只要你心中想着要珍惜时间，将注意力集中在这个目标上，坚持努力下去，妈妈相信，用不了多长时间，你就会有所改变了！"

渐渐地，在妈妈的指导和鼓励下，女孩不但改掉了边玩边写作业的坏习惯，而且在做其他事情时，也变得勤快又利落了，因为她的目标就是要珍惜时间！

　　妈妈巧妙地为女儿设立了要珍惜时间这个目标，并引导她向着这个目标不断努力，最终帮助她改掉了不能集中注意力写作业和做事拖拉的毛病。

经过目标引导训练后，我们会发现，当孩子有了要实现目标的自觉性后，专注度就会在短时间内有很大的提高。而且，这种无论在何种情况下，只要有明确的目标的指引，就能将注意力集中起来的能力，也是成功者所必须要具有的能力之一。

那么，我们具体应该怎样对孩子进行目标引导训练呢？

帮孩子设立能引起他要集中注意力的目标

当我们对孩子进行目标引导训练时，这个预先设立下的目标非常重要，一定是能引起他想要集中注意力的目标，这样才能使训练继续下去，才能让孩子有要比以往更加专注的决心。

比如，当孩子心中有了上课时一定要集中注意力听老师讲课的目标时，他就会自觉地排除外界的干扰，克服自身的惰性，改变自己的散漫之处，在上课时将注意力高度集中起来，以达到目标。

此外，当我们帮孩子设定要提高注意力的目标时，不要催促他，也不要强制他去做，而是应该以极大的耐心去引导她，以信任之心鼓励他，并告诉他目标的重要性，以及实现目标的好处，这样才能让孩子有信心、有动力向着目标努力，也才能使他自觉地将自己的注意力集中在这个目标之上。

给予孩子必要的指导

在孩子经受目标训练的过程中，我们要给予孩子必要的提醒和指导，并为帮他达到预定的目标提出有益的建议。

比如，当我们要用目标引导的方法帮助孩子将注意力集中到学习上时，可以对他说，作为一个好学生，上课是不能随便说话、做小动作的，而且要认真听讲。另外，课下也要抓紧时间及时复习功课、认真写作业等。

当我们的耐心引导起到了作用，孩子有了一定的自觉性后，我们就不宜再在孩子的身旁督促他了，否则很可能会让孩子觉得我们啰嗦，进而对我们的话产生反感，很有可能产生逆反心理，不接受我们的目标引导训练了。

利用小游戏对孩子进行训练

平时，可以利用一些孩子爱玩的小游戏，对孩子进行目标引导训练。当然，这种训练一定要自然进行，不要对孩子有过高的、不切实际的期望和高求，否则，我们的功利心会吓到孩子，使他不愿意再参加这种游戏了。

比如，可以和孩子一起玩"送鸡毛信"的游戏。这个游戏需要我们准备一些不同颜色（或形状）的纸片，并将它们折叠成信件的样子，然后让孩子在一定的时间内，将这些"信件"分别送到我们预先指定的不同地点。

如果孩子在规定的时间里将这些"信件"准确地送到了相应的指定地点，我们要给予他表扬和奖励，比如，可以奖给他一张漂亮的小贴纸，或是一朵小红花，等等，以激起他继续参加游戏的兴趣。特别注意，对孩子的奖励，不宜使用金钱或物质（如各种玩具等）。小贴纸、小红花虽然也属于物质，但其所传达的更多的是精神层面的奖励。

63 智慧在手指尖上！
——对孩子进行动手能力训练

在人的双手手指上，分布了数以万计的神经细胞，手指的运动对于人类大脑的发育，以及智力、注意力、视觉、听觉等的发展，都是非常重要的，都是必不可少的有益刺激。

我们在培养孩子的注意力时，必须对他进行动手能力的训练，以增强他的智慧和实践能力，让他能够学以致用，不再犯眼高手低的毛病。苏联著名教育家苏霍姆林斯基就曾经说过："儿童的智慧，在他的手指尖上。"的确，孩子的许多技能和知识，就是他在实际动手操作的活动中学会的。

而且，孩子的动手实践，对提高他的专注力也是很好的锻炼。孩子做事时，他的注意力集中程度与其动手能力密切相关。孩子在动手实践中，能够获得成就感，而这种感觉会促使他更加专注于所做的事情上。所以，孩子的动力能力越强，他集中注意力的能力也就越强，对孩子动手能力的训练，其实也就是对他的注意力的训练。

遗憾的是，有的妈妈并不明白这点，她们一边抱怨孩子专注性差，做起事来毛毛躁躁、拖拖拉拉，又一边溺爱着他、约束着他，不让他动手去做事情，哪怕是穿衣、洗脸这种需要孩子学习自理的事情，也要代替他去做，更别说要对他进行动手能力的训练了。就这样，孩子失去了锻炼机会，手变得越来越笨，思想越来越懒惰，注意力也越来越容易被分散了。

有一年夏天，某少年宫举办了一场少年儿童航模制作大赛。在这次大赛上，少年宫免费为参赛的孩子们准备了近百套军舰模型，供他们动手组装。

可是，比赛现场的情况却让人遗憾。原来，大多数孩子的动手能力都很差，不能独立完成组装航模的任务，不是要依靠家长，就是要依靠老师的帮助。前来采访的记者感叹道："现在的孩子动手能力真是太差了。"

当记者问这些孩子为什么不能依靠自己的力量完成比赛时，这些孩子回答说："爸爸妈妈很少让我动手做事情，平时不是补课，就是学跳舞、学音乐。"孩子的回答说明了一个问题，即这些孩子的父母几乎都没有给过他们动手做事的机会，他们又怎么能有能力独自去组装复杂的航模呢？

在这次活动中，唯一一个独立完成航模组装的低年级小学生是一个9岁的男孩。他在动手组装航模的过程中，表现出了高度的专注力、良好的创造力和动手能力。后来，通过记者的采访人们得知，这个男孩平时除了喜爱画画外，还经常自己动手制作东西。

从这个案例可以看出，如果我们平时剥夺了孩子的动手权利，不给他动手实践的机会，孩子总有一天会吃到苦头，而他的智慧、注意力，以及其他能力也会受到负面的影响。

我们不能再将"让孩子勤于动手动脑"当成一句空话了，而是要给孩子动手实践的机会，要对他进行动手能力的训练，因为他的智慧就在他的手指尖上。

培养孩子动手自理的能力

能够自理，是孩子最基本的动手能力，我们要对他进行动手能力的训练，就要从培养他的自理能力开始。

除了那些还无法自理的婴幼儿以外，对于有了自理能力的孩子，我们就不要再替他穿衣、洗脸、喂饭了；对于可以帮我们做些家务的孩子，也不要再替他整理玩具、打扫房间、擦鞋、洗袜子了……只要是孩子能自己做的，我们就一定要鼓励他自己动手去做，这样才能更好地锻炼他的动手能力。

经常带孩子一起做手工、做科学小实验

为了锻炼孩子的动手能力，我们可以经常带着他一起做些手工，比如折纸、剪纸、捏软陶、画图、制作小玩具等，此外一些书本上或电视中介绍的科学小实验，我们也可以带着孩子多去尝试一下。这些活动既

可以促进孩子的智力发育，也可以激发出他的探索欲和求知欲，更能使他的手指越来越灵活，对锻炼他的注意力也有很大好处。

当孩子对一些手工、实验感兴趣时，我们不要以会耽误学习为由而阻止他去做，也不要因为害怕他伤着自己（当然要最大程度保证他的安全，但不可以因噎废食）而代替他去做，而是应该让他随心所欲地去玩耍、去钻研、去动手操作，并在必要时为他提供所需要的手工或实验工具，这样才能使他发挥出主动性，更加专注地去动手实践。

特例训练：从 1 写到 300 的测试题

2012年6月19日，南方科技大学在广东、山东等八省的自主招生复试同步举行，有一道题目"7分钟内将数字1至300全部写下来"让人印象深刻，不少网友选择亲自试一番。这场考试几乎"全军覆没"，唯独小张和小刘二人保持零差错率"笑到最后"。小张平时做起事来就是公认的周密，而小刘则得意洋洋地分享起自己的"夺冠秘笈"，原来，他并没有按顺序书写数字，而是投机取巧地先将1到10写了一遍，然后再将1、2、3、4、5、6、7、8、9、0写29遍，最后以添加数字的方式完成了这300个数字。

事后，时任南方科技大学校长的朱清时对为什么要考这道题有个解释："这是考查学生的注意力，看他能不能写完、会写错多少。一般人坚持不了7分钟这么高强度的集中注意力，写到中间就会走神、出错。所以，这道题看似很容易，其实用它考查一个人的注意力是很见效的。"这道题很简单（想写不错又很难），但是很经典。做妈妈的也可试试。

杭州某疗养院负责体检的一位主任说，7分钟内从1写到300，测试了4个能力：协调性、思维连贯性、精细操作和注意力。协调性，比如你看一个人写字，他笔头是否流畅，字迹是不是歪歪扭扭。思维连贯性考察是不是会漏写数字。精细操作就是看会不会写错，写错多少个数字。注意力集中与否和以上三点都有一些关系。此外，从字的大小、字体的好看与否、字迹是整齐的还是倾斜歪扭的，都能看出一些问题。

前几年，我做客江苏教育电视台《家有儿女》节目（情境式家庭教育大型访谈类栏目）时，也提到了这个测试题，还对现场的孩子和成人进行了测试，结果有一位爸爸居然能集中注意力写完这300个数字（用时6分45秒），实在非常难得。但总体来说，从1写到300不出错，无论是对孩子还是对成人，都极具挑战性，几乎是不可能完成的任务。但在平时的训练中，却可以让孩子尝试，看看每次写错的数字会不会有所减少。

再多说几句，现在街头有类似的"游戏"（骗局），说从1写到500不出错，就可以拿走一个玩具，如果写错就需要花几十元买一样东西（当然物无所值，可能只值几元），结果很多人都认为这件事很简单，于是就去尝试，结果可想而知。从1写到300都有如此大的挑战性，何况写到500呢？所以，我们对类似的街头"游戏"还是要多一分警惕之心。

鼓励孩子大胆质疑和尝试

质疑是思维的火花，也是勇于探索、勤于动手的动力。因此，对于孩子向我们提出的问题，我们不能轻视、回避，也不能表现出不耐烦，而是应该鼓励他去学习、去探索、去大胆尝试，鼓励他通过自己的动手实践去验证结果、寻求答案。

在这个过程中，不但孩子的动手能力得到了锻炼，他的经验、智慧都会有所增长。所以，鼓励孩子大胆质疑和尝试，也是促进和锻炼他动手能力，进而集中注意力的好方法。

64 满足孩子听的需求!
——对孩子进行听觉能力训练

听是孩子获取信息与知识的重要途径。能有效听讲,是孩子学习好的重要"法宝"。相反,如果孩子的听觉能力差,就不能集中精神认真听讲,他的学习效率和效果当然也就不会理想了。

> 有个女孩上课时经常走神,时常不知道自己在课上到底学到了什么,也记不住老师叮嘱的内容,那真是"左耳听右耳冒"呀!注意力的涣散导致她的学习效率不高,考试成绩也是常常"挂车尾",在班里排最后几名。

像这样的孩子,缺少了一种重要的学习能力——有效听讲。

良好的听觉能力是培养孩子专注力的重要基础,也是学习效率得以提高的重要保障。

此外，孩子的智力发展、语言能力的发展，也都与他的听觉能力的发展息息相关，比如，他辨别事物、欣赏音乐、听别人说话、学说话……都离不开听觉。

因此，我们平时一定要注意保护好孩子的听觉器官，也要教他注意用耳卫生。另外，为了提高孩子的智力水平、语言能力，为了使他能集中注意力认真听讲，提高学习效率，我们也要有意识地对他进行听觉能力的训练，以满足他对听的需求。

注意多与孩子说说话，不要不理他

在孩子还小的时候，我们要有意识地多和他说说话，不要因为他年纪小就以为他什么都听不懂，觉得和他说话是在白费力气。其实，我们说话的声音，对孩子的大脑和听觉器官的发育都是一种有益的刺激，能够促进他的智力、听觉和语言能力的发展。

对孩子来说，能够经常听到我们的话说声，对他也是一种情感上的安慰和满足。如果我们细心一点就会发现，即使是刚出生不久的孩子，也会有意识地去寻找妈妈的说话声，那是他心灵深处的渴望，是他还在妈妈的肚子里就常听到的声音。

有些妈妈总是让孩子独自一个人在一旁玩，自己不是玩电脑，就是看电视……这是极不负责任的表现，不但会白白浪费掉与孩子相处的时间，会影响亲子关系的发展，还会使孩子因为缺少与人沟通和交流而在听觉、语言等方面发育迟缓。毕竟，常与孩子在一起的还是我们，如果我们都不能经常和他说说话，那么又怎么能期待孩子善于听、精于表达呢？

用能发声的东西对孩子进行听觉刺激

我们经常用能发声的东西对孩子进行听觉刺激，有利于他的听觉能力的发展，也有利于他集中注意力。当然，这种声音要悦耳动听、声量适中，不能让孩子产生不适感。

对于还处于婴儿期的孩子，我们可以用一些能发出美妙声音的玩具来逗弄他；对于年龄大一些，已经会表达的孩子，我们可以利用电子玩具上的动物叫声与他玩一些类似于"听声辨物"的游戏；对于那些已经上了学的孩子，我们则可以让他在休息时听些轻缓的音乐、相声、评书或者散文诗等，这不但会缓解他的疲劳，还可以使他享受到温馨与快乐……当然，有些听觉刺激并不拘泥于孩子的年龄，比如经典音乐、内容积极健康的故事及诗歌等，是任何年龄的孩子都可以听的。

在与孩子的互动中对他进行听觉能力训练

我们在与孩子一起做游戏、互动时，也可以对他进行听觉能力训练。比如，我们可以与孩子玩"听声辨位置"游戏（先藏起来，然后发出声音提示孩子，让他来找），也可以与他玩传话游戏，还可以与他一起做听写练习等。

这些有趣的训练，不但可以提高孩子做事时的专注度，还可以增进我们和孩子之间的关系，使他与我们更亲近。

带孩子去听大自然的声音

大自然中有世界上最美妙动听的声音，鸟鸣声、虫叫声、风声、水声、大山的回声……经常带孩子到大自然中去倾听这些声音，对训练孩子的听觉能力有很多益处，更能使他享受到在大自然中自由嬉戏的快乐。

在空闲时，我们不要再把孩子关在房间里了，而是要多带他到大自然中走一走、看一看，让他有机会与大自然中的万物亲密接触，也让他有机会听到最自然、最原始、最纯净的声音，在最大程度上提升他的注意力。

65 看谁算得快！
——对孩子进行注意力转移训练

《世说新语》里记载了这样一件事：

> 魏武帝曹操有一次率兵行军途中，好长时间都找不到水源，士兵们口渴难耐，行军速度十分缓慢。于是曹操下了一道命令说："前面有一片梅子林，果实累累，酸甜可口。"
>
> 士兵们听说后，嘴里都流出了口水，行军速度一下子就快了起来。利用这个办法，曹操使军队保证了行军速度，并及时找到了水源。

曹操用计将士兵的注意力从口渴这件事上转移到了前方有梅子可吃的事上，激起了士兵们的士气，使他们暂时忘记了口渴，行军速度也快了起来。曹操所用的计策，其实就是转移注意力的办法。

所谓注意力转移，是指根据新的任务，自觉地把注意力从一个对象转移到另一个对象上。注意力一经转移，原本处于注意中心的对象便被移到注意中心以外了，新的对象则进入到了注意中心的位置，整个注意范围也发生了相应的变化。

孩子拥有了良好的注意力转移能力，会快速地将注意力从旧的注意事项中转移到需要他注意的新的事项上，会使他能更好、更快地接收新的信息，并迅速自觉地转换角色，从而顺利地完成新旧事项的交替，以便全身心地投入到新的任务当中去。

如果孩子的注意力转移能力差，不能灵活地将注意力集中到新的事项中去，对于身处新的事项中的他来说，他就是在走神，就是心不在焉。

比如，孩子刚刚上完一节有趣的体育课，他的兴奋劲还没过去，上课的铃声就响了，他马上要面对严肃的政治课了。如果他没有调整好自己的情绪，不能快速地将自己的注意力转移到政治课上，还想着体育课上的趣事，那么他政治课的学习必将受到影响。

由此可见，注意力转移能力对于孩子来说还是非常重要的，因此，我们平时要注意对他进行这方面的训练，以使他的注意力转移得足够灵活、迅速。

用数字运算游戏训练孩子快速转移注意力

数字运算游戏的方法对训练孩子的注意力转移帮助很大，我们平时在家里不妨让孩子多做一些这方面的练习。下面我们就介绍一种神奇而又有趣的数字运算游戏。

我们可以让孩子随便写出两个数字，比如1和2，一个写在上面一排，一个写在下面一排，然后让孩子将它们相加，并将得出来的数字3写在1的旁边，再将1写在3的下面。如此循环下去，当两个数的和大于10时，则将其个位数记下来。这个数字游戏写在纸上的效果如下：

1 3 4 7 1 8 9 7 6 3 9 2 1
2 1 3 4 7 1 8 9 7 6 3 9 2

接下来，我们改变规则，让孩子将这些数的和写在下面，然后将相临的原来的下面一排的数字写在上面。比如：

1 2 3 5 8 3 1 4 5 9 4 3 7
2 3 5 8 3 1 4 5 9 4 3 7 0

在与孩子玩这个游戏时，两种写法要交替进行，按上面的方法算几分钟后，再按下面的方法来，这样就可以让孩子的注意力来回转移、灵活变动了。

用娱乐、休闲的方式对孩子进行注意力转移训练

对于年纪小一些的孩子，我们可以用娱乐或休闲的方式来对他进行注意力转移训练，改变他注意的焦点。

比如，当孩子哭闹或者心情不好时，我们可以通过领他做游戏、带他出门散步、做美食给他吃等方式来转移他的注意力，使他忘记或是不再关心引起他哭闹、让他心情不好的事情。

此外，经常带孩子参加一些娱乐活动，比如唱歌、跳舞、涂鸦等，也会起到调节孩子心情、转移他的注意力的作用。

改变孩子所处的环境，开阔他的心胸，转移注意力

在固定不变的模式化的生活中，在两点一线的场景（家到幼儿园或学校）变化里，很多孩子往往会觉得沉闷无聊、精神不振。尤其是生活在城市中的孩子，他眼里每天看到的都是高楼大厦，听到的都是汽车发出的噪声，这会使他心浮气躁，无法集中注意力，也无法做到按需要快速地转移注意力。

所以，平时要注意多带孩子外出游玩，多带他到大自然中走走，以改变他所处的环境，开阔他的心胸，让他的注意力能从喧嚣的环境、快节奏的生活上转移到景色优美、令人心旷神怡的环境，以及自然舒心的生活中。此外，我们时常适当地改变一下家中的装饰或是家具的布局，也会对孩子起到调节心情、转移注意力的作用。

66 尝试"一心二用"！
——教孩子学会分配注意力

从一般意义上讲，集中注意力一心一意地去做事是有道理的，而注意力的集中和注意力的分配在一定程度上也是相互矛盾的。

在现实生活中，人们往往需要在同一时间里做好几件事情，需要同时注意多个方面，特别是在处理一些较为复杂的事情时，比如，做饭、开车、弹琴等，都需要人们将注意力进行分配，否则就会手忙脚乱、无所适从。孩子的学习也不例外，同样需要他分配好自己的注意力。

就拿孩子上课听讲这件事情来说吧，他需要一边听老师讲课，一边记笔记，还要进行思考，只听讲，不思考，或是不记笔记，都是不合适的，都会影响听课效果。所以，孩子就有必要学会"一心二用"，甚至"三用"，学会分配好自己的注意力，这样才既能听好老师所讲的内容，又能适时地进行思考，并做好笔记。

有研究表明，孩子可以同时将注意力集中到2~3件事情上。这说明，对于一个头脑和身体都正常的孩子来说，"一心"是可以"二用"

或者"三用"的。

而且，孩子分配好注意力，也是他能够更好地集中注意力去做事情的需要。他只有将注意力分配好了，才能更专注地去做事情。比如，当他弹琴时，他需要盯着琴谱，需要听着自己所弹的琴音，还需要脚踩着踏板，并要用大脑分析、判断节奏。当他将注意力合理地分配到这几件事情上时，他就能更好地弹琴了。

对于孩子来说，他能将自己的注意力分配好，不但可以更好地集中注意力去做事，还可以提高自己对事情的反应速度，提高身体的协调性和记忆力，可以更富于创造性。

我们在训练孩子的注意力时，也要教他学会分配好自己的注意力。

在日常生活中教孩子合理分配注意力

可以将对孩子分配注意力的锻炼融入日常生活。比如，可以建议孩子边散步边背课文，边做家务边听英语录音，边吃美食边欣赏美妙的音乐……在自然的、日复一日的锻炼中，孩子对注意力的分配能力就会逐渐提高。

根据孩子的年龄，分阶段进行"一心二用"训练

心理学研究证明，人的注意力是有限的。而且，注意力的"分配"和"集中"一样，并不是人天生的能力，而是后天培养出来的。可见，我们在孩子小时候教孩子学会分配注意力是十分关键的。为此，我们可以根据孩子的年龄特点，分阶段地、由浅入深地对孩子进行"一心二用"的训练，以培养出他对注意力的分配能力。

比如，可以让3岁以前的孩子一边听音乐一边拍手，或是一边听我们唱儿歌一边跳舞；也可以让3~6岁的孩子一边背诵儿歌一边玩玩具，或是一边画画一边编故事；还可以让已经上学的孩子一边走路一边背唐诗，或是一边玩耍一边进行英语会话……

不过，不论是处于什么年龄段的孩子，进行注意力分配训练时都不要强迫他，或是指责他，一定要让这种训练在轻松、自然、愉快的气氛中进行，否则很可能会适得其反，让孩子不愿意配合我们的训练，不愿意将他的注意力分配出去。

让孩子同时做的事情不能过于复杂、陌生

在让孩子学习"一心二用"时，一定要明白，并非所有的事情都可以同时进行，比如，边吃饭边看电视就不利于孩子的消化；边写作边玩耍就会让他无法按时完成作业；边说话边吃东西就会使他口齿不清，等等。

我们也不能让孩子同时进行过于复杂、陌生的两件事情，而是应该选择一些他比较熟悉，做起来也比较轻松的事情。否则，孩子在做事的过程中会很累，也会感到茫然，而且很可以会分配不好注意力，结果两件事情都做不好。

在对孩子进行分配注意力的训练时，一定要选择那些适合的、可以同时进行的事情让他去做，至少要有一件事情是孩子比较熟悉、比较简单的，这样他才有可能分配好注意力，将两件事情都做好。

告诉孩子，"一心二用"要看情况、看场合

教孩子学习分配注意力时，一定要告诉他，他的"一心二用"一定要看情况、看场合，在那些严肃的场合，如升旗时、开全校大会时，最好不要"一心二用"，一定要保持严谨、专注的作风。否则，很可能作出破坏纪律、影响他人的事情。

图书在版编目（CIP）数据

孩子注意力不集中，妈妈怎么办？/鲁鹏程著 .-- 北京：中国人民大学出版社，2018.3

ISBN 978-7-300-25115-8

Ⅰ.①孩… Ⅱ.①鲁… Ⅲ.①儿童－注意－能力培养 Ⅳ.① B844.1

中国版本图书馆 CIP 数据核字（2017）第 271974 号

孩子注意力不集中，妈妈怎么办？
鲁鹏程　著
Haizi Zhuyili Bujizhong，Mama Zenmeban?

出版发行	中国人民大学出版社		
社　　址	北京中关村大街31号	邮政编码	100080
电　　话	010-62511242（总编室）		010-62511770（质管部）
	010-82501766（邮购部）		010-62514148（门市部）
	010-62515195（发行公司）		010-62515275（盗版举报）
网　　址	http://www.crup.com.cn		
经　　销	新华书店		
印　　刷	北京宏伟双华印刷有限公司		
开　　本	720 mm×1000 mm　1/16	版　次	2018年3月第1版
印　　张	20	印　次	2023年7月第9次印刷
字　　数	238 000	定　价	49.00元

版权所有　　侵权必究　　印装差错　　负责调换